Inès Chihi

Caractérisation de processus d'écriture à la main

Inès Chihi

Caractérisation de processus d'écriture à la main

Identification et approche multimodèle

Presses Académiques Francophones

Impressum / Mentions légales
Bibliografische Information der Deutschen Nationalbibliothek: Die Deutsche Nationalbibliothek verzeichnet diese Publikation in der Deutschen Nationalbibliografie; detaillierte bibliografische Daten sind im Internet über http://dnb.d-nb.de abrufbar.
Alle in diesem Buch genannten Marken und Produktnamen unterliegen warenzeichen-, marken- oder patentrechtlichem Schutz bzw. sind Warenzeichen oder eingetragene Warenzeichen der jeweiligen Inhaber. Die Wiedergabe von Marken, Produktnamen, Gebrauchsnamen, Handelsnamen, Warenbezeichnungen u.s.w. in diesem Werk berechtigt auch ohne besondere Kennzeichnung nicht zu der Annahme, dass solche Namen im Sinne der Warenzeichen- und Markenschutzgesetzgebung als frei zu betrachten wären und daher von jedermann benutzt werden dürften.

Information bibliographique publiée par la Deutsche Nationalbibliothek: La Deutsche Nationalbibliothek inscrit cette publication à la Deutsche Nationalbibliografie; des données bibliographiques détaillées sont disponibles sur internet à l'adresse http://dnb.d-nb.de.
Toutes marques et noms de produits mentionnés dans ce livre demeurent sous la protection des marques, des marques déposées et des brevets, et sont des marques ou des marques déposées de leurs détenteurs respectifs. L'utilisation des marques, noms de produits, noms communs, noms commerciaux, descriptions de produits, etc. même sans qu'ils soient mentionnés de façon particulière dans ce livre ne signifie en aucune façon que ces noms peuvent être utilisés sans restriction à l'égard de la législation pour la protection des marques et des marques déposées et pourraient donc être utilisés par quiconque.

Coverbild / Photo de couverture: www.ingimage.com

Verlag / Editeur:
Presses Académiques Francophones
ist ein Imprint der / est une marque déposée de
OmniScriptum GmbH & Co. KG
Heinrich-Böcking-Str. 6-8, 66121 Saarbrücken, Deutschland / Allemagne
Email: info@presses-academiques.com

Herstellung: siehe letzte Seite /
Impression: voir la dernière page
ISBN: 978-3-8416-2299-0

Copyright / Droit d'auteur © 2013 OmniScriptum GmbH & Co. KG
Alle Rechte vorbehalten. / Tous droits réservés. Saarbrücken 2013

UNIVERSITE DE TUNIS EL MANAR

المدرسة الوطنية للمهندسين بتونس
école nationale d'ingénieurs de Tunis

THÈSE

présentée à

L'ÉCOLE NATIONALE D'INGÉNIEURS DE TUNIS

pour obtenir le grade de

Docteur en Génie Électrique

par

Inès CHIHI

sur

Approches multimodèles de caractérisation du processus d'écriture à la main

soutenue le 27 février 2013 à l'ENIT devant le Jury d'Examen composé de :

MM.	N. ELLOUZE	Professeur à l'ENIT	Président
	A. EL MOUDNI	Professeur à l'Université de Technologie Belfort-Montbéliard	Rapporteur
	M. GASMI	Professeur à l'INSAT	Rapporteur
	M. BENREJEB	Professeur à l'ENIT	Examinateur
Mme	A. ABDELKRIM	Maître de Conférences à l'ESTI	Directrice de la thèse

Thèse préparée au Laboratoire de Recherche LARA Automatique de l'École Nationale d'Ingénieurs de Tunis
dirigée par Madame Afef ABDELKRIM

A mon très cher père **Amor**
Qui m'a toujours encouragé et soutenu

A ma très chère mère **Naima**
qui s'est toujours dévouée et sacrifiée pour moi; celle qui m'a aidée du mieux qu'elle pouvait pour réussir; celle qui a toujours été là dans mes moments de détresse

A mon très cher époux **Ahmed**
qui m'a accompagné tout au long de ce parcours périlleux et qui a beaucoup sacrifié pour que je puisse réaliser cette thèse

A ma très chère sœur **Imane**
et à mes très chers frères **Ilyes** et **Yassine**
qui ont toujours été présents pour moi et à qui je dédicace le fruit de ce travail

Et A mon adoré et très cher enfant **Mehdi**

Trouvez tous ici l'expression de ma profonde gratitude...

Table des matières

Table des matières   i
Avant-propos   v
Liste des figures   vi
Liste des tableaux   x

Introduction générale 1

Chapitre I :
Méthodes de modélisation
et d'identification des processus dynamiques

I.1. Introduction 5
I.2. Modélisation des processus dynamiques 5
    I.2.1. Méthodes théoriques 6
    I.2.2. Méthodes expérimentales 7
    I.2.3. Méthodes théorico- expérimentales 7
I.3. Identification des systèmes dynamiques 8
    I.3.1. Identification non paramétrique 9
    I.3.2. Identification paramétrique 9
       I.3.2.1. Identification par l'erreur de sortie 11
       I.3.2.2. Identification par l'erreur de prédiction 12
    I.3.3. Méthodes d'identification récursive 12
       I.3.3.1. Méthode des Moindres Carrés Récursifs (MCR) 13
       I.3.3.2. Méthode des Moindres Carrés Etendus (MCE) 14
       I.3.3.3. Méthode de la Variable Instrumentale (VI) à observation retardée 16
I.4. Approches multimodéles de caractérisation des processus dynamiques 16

I.4.1. Principe de la représentation multimodèle 17
    I.4.1.1. Multimodèle par commutation 18
    I.4.1.2. Multimodèle par fusion 19
    I.4.1.3. Classes des systèmes multimodèle 20
        I.4.1.3.1. Classe de modèles globale explicite 20
        I.4.1.3.1. Classe de modèles global implicite 21
I.4.2. Structures multimodèles 21
    I.4.2.1. Structure couplée 22
    I.4.2.2. Structure découplée 23
    I.4.2.3. Structure hiérarchisée 24
I.4.3. Méthodes basées sur l'approche multimodèle 24
    I.4.3.1. Multimodèle par identification 25
    I.4.3.2. Multimodèle par linéarisation 26
    I.4.3.3. Multimodéle par transformation polytopique convexe 27
I.4.4. Méthodes et approches pour le calcul de validités 27
    I.4.4.1. Approche directe 28
    I.4.4.2. Approche géométrique 28
    I.4.4.3. Approche des résidus 30
    I.4.4.4. Approche probabiliste 31
I.5. Modélisation du système d'écriture à la main-Position du problème 31
I.6. Conclusion 31

Chapitre II :
Modélisation et identification
du processus d'écriture à la main

II.1. Introduction 34
II.2. Système d'écriture à la main 34
    II.2.1. Etude biologique du système d'écriture à la main 34
        II.2.1.1. Système nerveux moteur 35
        II.2.1.2. Anatomie de la main et de l'avant-bras 36
    II.2.2. Approches de modélisation du processus d'écriture à la main 38
        II.2.2.1. Approches conventionnelles 38
            II.2.2.1.1. Modèles de Van Der Gon, Dooijes et Mac Donald 38
            II.2.2.1.2. Modèle de Yasuhara 40

II.2.2.1.3. Modèle d'Edelman et Flash 42

II.2.2.1.4. Modèle de Murata-Kosaku-Sano 42

II.2.2.2. Approches non-conventionnelles 45

II.2.2.3. Approches basées sur le profil de vitesse 46

II.2.3. Relation entre signaux électromyographiques et mouvement de la main 47

II.3. Approche expérimentale et acquisition des données pour l'étude du processus d'écriture à la main 49

II.4. Identification du modèle proposé basée sur les coordonnées 52

de la pointe du stylo 52

    II.4.1. Estimation de l'ordre du modèle proposée 52

    II.4.2. Estimation des paramètres du modèle proposé 55

    II.4.3. Validation et discussion 59

II.5. Identification de modèles proposés basée sur la vitesse de la pointe du stylo 62

    II.5.1. Modèle direct proposé 63

        II.5.1.1. Estimation de l'ordre du modèle direct proposé 63

        II.5.1.2. Estimation des paramètres du modèle proposé 64

        II.5.1.3. Validation et discussion 66

    II.5.2. Modèle inverse proposé 68

        II.5.2.1. Estimation de l'ordre du modèle inverse proposé 69

        II.5.2.2. Estimation des paramètres du modèle inverse proposé 70

        II.5.2.3. Validation et discussion 72

II.6. Conclusion 75

chapitre III :
Structures multimodèles proposées
de caractérisation du système d'écriture a la main

III.1. Introduction 76

III.2. Les concepts de génération d'une bibliothèque multimodèle 76

    III.2.1. Concepts basés sur la modélisation idéale 76

    III.2.2. Concepts basés sur la modélisation locale 77

    III.2.3. Concepts basés sur la modélisation générique 77

III.3. Nouvelles approches multimodèles proposées 78
III.3.1. Structure multimodèle basée sur les coordonnées de la pointe du stylo 79
III.3.1.1. Construction de la base de modèles 81
III.3.1.2. Calcul des validités 82
III.3.1.2.1. Méthode de validité simple 83
III.3.1.2.2. Méthode de validité renforcée 83
III.3.1.3. Calcul des sorties multimodèle 84
III.3.1.4. Test et simulation de la structure multimodèle proposée 85
III.3.2. Structure multimodèle proposée basée sur la vitesse de la pointe du stylo 90
III.3.2.1. Structure multimodèle directe proposée 91
III.3.2.1.1. Description de l'approche proposée 91
III.3.2.1.2. Calcul des validités 92
III.3.2.1.2.1. Méthode de validité simple 92
III.3.2.1.2.2. Méthode de validité renforcée 93
III.3.2.1.3. Calcul des sorties et validation de la structure proposée 93

III.3.2.2. Structure multimodèle inverse proposée 98
III.3.2.2.1. Calcul de validité 100
III.3.2.2.1.1. Méthode des résidus simples 100
III.3.2.2.1.2. Méthode des résidus renforcés 100
III.3.2.2.2. Calcul des sorties et validation de la structure proposée 101

III.4. Analyse et Discussion 104
III.5. Conclusion 109

Conclusion générale 110
Bibliographie 115

Avant-Propos

Le travail, présenté dans ce mémoire, a été effectué au Laboratoire de Recherche LA.R.A Automatique de l'Ecole Nationale d'Ingénieurs de Tunis (ENIT).

Je tiens à remercier Monsieur Noureddine ELLOUZE, Professeur à l'ENIT pour m'avoir fait le grand honneur d'accepter de présider mon Jury de Thèse. Qu'il trouve ici l'expression de mon profond respect.

Je suis particulièrement reconnaissante envers Monsieur Mohamed BENREJEB, Professeur à l'ENIT et Directeur du Laboratoire de Recherche LA.R.A Automatique de l'ENIT, pour m'avoir accueilli au sein de son équipe de recherche. Qu'il trouve ici l'expression de ma profonde gratitude pour l'intérêt qu'il a porté à mon travail et les conseils éclairés qu'il m'a prodigués avec le sérieux et la compétence qui le caractérisent.

Ma profonde gratitude va à Monsieur Abdellah EL MOUDNI, Professeur à l'Université de Technologie Belfort-Monbéliard (UTBM), pour avoir bien voulu évaluer mon travail de recherche, malgré ses lourdes charges. Je lui adresse mes sincères remerciements.

Je tiens à exprimer ma vive reconnaissance à Monsieur Moncef GASMI, Professeur à l'Institut National des Sciences Appliquées et de Technologie (INSAT), pour avoir accepté de juger mon travail.

Mes vifs remerciements s'adressent aussi à Madame Afef ABDELKRIM, Maître de Conférences à l'Ecole Supérieure de Technologie et d'Informatique (ESTI), pour son encadrement de mes recherches, pour les précieux conseils qu'elle m'a prodigués. Qu'elle trouve ici le témoignage de ma profonde reconnaissance.

Je remercie, finalement, tous les chercheurs du Laboratoire de Recherche LA.R.A Automatique de l'ENIT pour leur amicale présence et pour la sympathie qu'ils m'ont constamment témoignées. Je leur exprime ici toute ma gratitude.

Liste des figures

Figure I. 1. Schéma de principe de modélisation des systèmes 8
Figure I. 2. Identification paramétrique 9
Figure I. 3. Les étapes de l'identification paramétrique 10
Figure I. 4. Identification basée sur l'erreur de sortie 11
Figure I. 5. Identification basée sur l'erreur de prédiction 12
Figure I. 6. Principe de fonctionnement de l'approche multimodèle 18
Figure I. 7. Principe de la commutation multimodèle 19
Figure I. 8. Principe de la fusion multimodèle 19
Figure I. 9. Système multimodèle à modèle global explicite 20
Figure I. 10. Système multimodèle à modèle global implicite 21
Figure I. 11. Architecture d'une structure multimodèle couplées 23
Figure I. 12. Architecture d'une structure multimodèle à modèles locaux découplés 23
Figure I. 13. Architecture d'une structure multimodèle hiérarchique 24
Figure I. 14. Approche géométrique : calcul des distances 29
Figure II. 1. Les aires motrices le long de la frontale ascendante 35
Figure II. 2. Système Nerveux Central 36
Figure II. 3. Os de la main (vue dorsale) 36
Figure II. 4. Muscles de la main 37
Figure II. 5. Muscles de l'avant bras intervenant dans le contrôle du pouce 37
Figure II. 6. Muscle de l'avant bras intervenant dans le contrôle des doigts 38
Figure II. 7. Modèle proposé par Yasuhara 40
Figure II. 8. Comparaison entre la réponse du modèle
proposé et l'écriture expérimentale de la lettre « SIN » 43
Figure II. 9. Réponse du modèle identifié pour la lettre « SIN » de l'exemple 1
avec l'intégration des données relatives à l'exemple 2 de cette lettre 44
Figure II. 10. Réponse du modèle identifié pour la lettre « SIN » de l'exemple 1
avec l'intégration des données relatives à la lettre « AYN » 44
Figure II. 11. Réponse du modèle identifié pour la lettre « SIN » de l'exemple 1
avec l'intégration des données relatives à la lettre « SIN » d'un scripteur 2 45
Figure II. 12. Réponse du modèle neuronal à l'écriture
des données apprises de la lettre « HA » 46
Figure II. 13. Réponse du modèle neuronal à l'écriture
des données non apprises de la lettre « HA » 46
Figure II. 14. Montage expérimental 50
Figure II. 15. Positions des électrodes sur le bras du scripteur 50
Figure II. 16. La lettre « HA » (a) Forme, (b) Déplacements selon x et y,
signaux EMG et (c) Signaux IEMG 52
Figure II. 17. Structure du modèle proposé du processus d'écriture
à la main basée sur les coordonnées de la pointe du stylo 53
Figure II. 18. Réponses estimées de la forme triangle pour un modèle (a) de deuxième
ordre, (b) de troisième ordre et (c) du quatrième ordre 53
Figure II. 19. Réponses estimées de la lettre « AYN » pour un modèle (a) de deuxième
ordre, (b) de troisième ordre et (c) du quatrième ordre 53
Figure II. 20. Comparaison des réponses du modèle proposé
avec les données expérimentales 57
Figure II. 21. Evolution des paramètres

($\hat{a}_{ix}, \hat{b}_{ix}, \hat{c}_{ix}, \hat{d}_{ix}$) et ($\hat{a}_{iy}, \hat{b}_{iy}, \hat{c}_{iy}, \hat{d}_{iy}$) de la forme triangle 58

Figure II. 22. Validation monoscripteur 74
Figure II. 23. Validation multiscripteur 74
Figure II. 24. Exemple de réponses du modèle proposé suite à une validation
monoscripteur 68
Figure II. 25. Exemple de réponses du modèle proposé suite à une validation
multiscripteur 68
Figure II. 26. Les entrées/sorties du modèle direct 63
Figure II. 27. Evolution des paramètres
($\hat{a}_{ivx}, \hat{b}_{ivx}, \hat{c}_{ivx}, \hat{d}_{ivx}, \hat{a}_{ivy}, \hat{b}_{ivy}, \hat{c}_{ivy}, \hat{d}_{ivy}$) de la lettre « HA » 66
Figure II. 28. Réponses du modèle proposé basées sur la vitesse de la pointe du stylo
(forme, vitesses selon les axes x et y) 68
Figure II. 29. Résultats de validation dans le cas monoscruters
(forme, vitesses selon les axes x et y) 68
Figure II. 30. Résultats de validation dans le cas multiscripteurs
(forme, vitesses selon les axes x et y) 68
Figure II. 31. Les entrées/sorties du modèle inverse 69
Figure II. 32. Evolution des paramètres
($\hat{a}_{i1}, \hat{b}_{i1}, \hat{c}_{i1}, \hat{d}_{i1}$) et ($\hat{a}_{i2}, \hat{b}_{i2}, \hat{c}_{i2}, \hat{d}_{i2}$) de la lettre « HA » 71
Figure II. 33. Résultats d'identification de la reconstitution
des signaux IEMG par le modèle inverse proposé 72
Figure II. 34. Résultats de validation de la structure proposée, cas monoscripteur 74
Figure II. 35. Résultats de validation de la structure proposée, cas multiscripteurs 74
Figure III. 1. Entrées/ Sorties de la structure multimodèle
proposée basée sur le calcul de la position de la pointe du stylo 79
Figure III. 2. Nouvelle structure multimodèle proposée
de caractérisation du processus d'écriture à la main 80
Figure III. 3. Ligne verticale (2)
Réponse de la structure multimodèle basée sur le calcul de la position
Cas monoscripteur et sous-modèles représentant le même type de formes
graphiques 86
Figure III. 4. Lettre arabe « SIN »
Réponse de la structure multimodèle basée sur le calcul de la position
Cas monoscripteur et sous-modèles représentant le même type de formes
graphiques 87
Figure III. 5. Lettre arabe « HA »
Réponse de la structure multimodèle basée sur le calcul de la position
Cas monoscripteur et sous-modèles représentant différentes formes
graphiques 88
Figure III. 6. Lettre « HA »
Réponse de la structure multimodèle basée sur le calcul de la position
Cas monoscripteur et sous-modèles représentant différentes formes
graphiques 89
Figure III. 7. Cercle (1)
Réponse de la structure multimodèle basée sur le calcul de la position
Cas monoscripteur et sous-modèles représentant différentes formes
graphiques 90
Figure III. 8. Entrées/ Sorties de la structure multimodèle
directe proposée à partir de la vitesse de la pointe du stylo 97

Figure III. 9. Lettre « HA »
Réponse de la structure multimodèle basée sur le calcul de la vitesse
Cas monoscripteur et sous-modèles représentant le même type de formes
graphiques 96

Figure III. 10. Cercle (1)
Réponse de la structure multimodèle basée sur le calcul de la vitesse
Cas monoscripteur et sous-modèles représentant différentes formes
graphiques 96

Figure III. 11. Lettre « SIN »
Réponse de la structure multimodèle basée sur le calcul de la vitesse
Cas monoscripteur et sous-modèles représentant le même type de formes
graphiques 97

Figure III. 12. Lettre « AYN »
Réponse de la structure multimodèle basée sur le calcul de la vitesse
Cas multiscripteur et sous-modèles représentantdifférentes formes graphiques
.... 98

Figure III. 13. Entrées/ Sorties de la structure multimodèle
inverse proposée à partir de la vitesse de la pointe du stylo 99

Figure III. 14. Reconstitution des signaux IEMG
par la structure multimodèle basée sur le calcul de la vitesse
Cas monoscripteur et sous-modèles élaborés pour le même type de formes
graphiques 102

Figure III. 15. Reconstitution des signaux IEMG
par la structure multimodèle basée sur le calcul de la vitesse
Cas monoscripteur et sous-modèles élaborés pour différentes formes
graphiques 102

Figure III. 16. Reconstitution des signaux IEMG
par la structure multimodèle basée sur le calcul de la vitesse
Cas multiscripteur et sous-modèles élaborés pour le même type de formes
graphiques 103

Figure III. 17. Reconstitution des signaux IEMG
par la structure multimodèle basée sur le calcul de la vitesse
Cas multiscripteur et sous-modèles élaborés pour différentes formes
graphiques 103

Figure III. 18. Lettre arabe « SIN »
Validation du modèle basé sur la position de la pointe du stylo 106

Figure III. 19. Lettre arabe « SIN »
Validation du modèle basé sur la vitesse de la pointe du stylo 106

Figure III. 20. Lettre arabe « SIN »
Réponses de la structure multimodèle basée sur la position de la pointe du stylo,
cas monoscripteur (a) base de sous-modèles représentant le même type de trace,
(b) base de sous-modèles représentant différents types de traces 106

Figure III. 21. Lettre arabe « SIN »
Réponses de la structure multimodèle basée sur la vitesse de la pointe du stylo,
cas monoscripteur (a) base de sous-modèles représentant le même type de trace,
(b) base de sous-modèles représentant différents types de traces 106

Figure III. 22. Lettre arabe « SIN »
Réponses de la structure multimodèle basée sur la vitesse de la pointe du stylo,
cas multiscripteurs (a) base de sous-modèles représentant le même type de trace,
(b) base de sous-modèles représentant différents types de traces 107

Figure III. 23. Triangle (1)
      Validation du modèle basé sur la position de la pointe du stylo
Figure III. 24. Triangle (1)
      Validation du modèle basé sur la vitesse de la pointe du stylo
Figure III. 25. Triangle (1)
      Réponses de la structure multimodèle basée sur la position de la pointe du stylo,
      cas monoscripteur (a) base de sous-modèles représentant le même type de trace,
      (b) base de sous-modèles représentant différents types de traces 108
Figure III. 26. Triangle (1)
      Réponses de la structure multimodèle
      basée sur la vitesse de la pointe du stylo, cas monoscripteur (a) base de sous-
      modèles représentant le même type de trace, (b) base de sous-modèles
      représentant différents types de traces 108
Figure III. 27. Triangle (1)
      Réponses de la structure multimodèle
      basée sur la vitesse de la pointe du stylo, cas multiscripteur (a) base de sous-
      modèles représentant le même type de trace, (b) base de sous-modèles
      représentant différents types de traces 109

Liste des tableaux

Tableau II. 1. Formes géométriques élémentaires choisies pour l'expérimentation.............50

Tableau II. 2. Paramètres relatifs à différents modèles de la lettre « HA » obtenus par identification pour deux scripteurs..59

Tableau II. 3. Paramètres relatifs à différents modèles de la lettre « HA » obtenus par identification pour deux scripteurs (modèle direct)..............................66

Tableau II. 4. Paramètres relatifs à différents modèles de la lettre « HA » obtenus par identification pour deus scripteurs (modèle inverse)...........................72

Introduction générale

Au même titre que le langage oral, l'écriture est considérée comme un outil de communication privilégié et incontournable à l'insertion scolaire, professionnelle et sociale. L'écriture est une habilité motrice complexe et rapide nécessitant un certain niveau d'évolution du langage, une maîtrise de l'espace graphique et un certain degré de développement moteur, praxique et affectif. Ceci exige une bonne coordination et un agencement rigoureux de plusieurs facteurs comme la génération des stimuli nerveux, les mouvements des membres supérieurs, etc.

La production de traces graphiques est considérée comme une manifestation physique d'un processus cognitif complexe. En effet, le cerveau traite l'information de localisation de la pointe du stylo, envoyée par les yeux. Cette information est analysée et évaluée par un système de contrôle intelligent, afin d'envoyer un ordre aux muscles de l'avant bras pour faire bouger la main vers la nouvelle position désirée.

En première analyse, Van Der Gon a élaboré un modèle mathématique caractérisant ce phénomène, [Van Der Gon et al, 1962]. Une version électronique est ensuite proposée par Mc Donald qui a considéré le système de l'écriture manuscrite comme une masse se déplaçant dans un milieu visqueux, [Mc Donald, 1964]. Le mouvement de cette masse est décrit par une équation différentielle linéaire du second ordre. Un modèle régi par un système de deux équations différentielles non linéaires du second ordre a été élaboré par Yasuhara qui a intégré l'effet de la force de frottement entre la pointe du stylo et la surface d'écriture, [Yasuhara, 1975]. Il a ensuite identifié et décomposé un système d'écriture rapide, [Yasuhara, 1983]. A partir de ce modèle Iguider a élaboré deux approches, une pour l'extraction des pulsations de commande, [Iguider et al, 1995], et l'autre pour la reconnaissance de l'écriture arabe cursive, [Iguider et al, 1996].

Edelman et Flash ont élaboré en 1987 un modèle basé sur l'étude des trajectoires de la main, [Edelman et al, 1987]. Une approche de modélisation linéaire obtenue à partir de données expérimentales a été proposée par Sano en 2003, [Sano et al, 2003].

En utilisant des approches non conventionnelles, des modèles sont proposés pour la caractérisation du processus de l'écriture manuscrite, [Benrejeb et al, 2000], [Benrejeb et al,

2003a]. Ces modèles sont basés sur les concepts des réseaux de neurones artificiels, de la logique floue, des algorithmes génétiques, etc., [Benrejeb et al, 2003b], [Abdelkrim, 2005].

D'autres modèles utilisant la vitesse ont été présentés dans [Plamondon, 1995a], [Plamondon, 1995b], [Alimi, 1995].

L'écriture est, fondamentalement, une activité et caractéristique individuelle, de la même manière que la voix et le visage d'une personne. Elle reflète l'état psychique et physique du scripteur, [Bernstein, 1967] et [Sallagoïty, 2004].

La vitesse de l'écriture manuscrite d'un même scripteur varie selon son âge, son attitude, son humeur (énervé, pressé, etc), la surface d'écriture, etc. Elle est considérée parmi les propriétés individuelles qui dépendent de plusieurs facteurs à savoir le sexe du scripteur, le niveau culturel, la profession, la manière de tenir le stylo, etc, [Sallagoïty, 2004].

Les modèles proposés dans la littérature pour la modélisation du processus à la main, ont contribués à des caractérisations plus ou moins valides d'un nombre limité de formes manuscrites. Pour surmonter ces difficultés, nos travaux de recherches portent sur la modélisation et l'identification ce processus biologique afin de proposer un modèle généralisé caractérisant plusieurs types de traces graphiques générées par un seul ou plusieurs scripteurs, [Benrejeb et al, 2003a] . Pour mener à ces études, il est nécessaire de définir une structure mathématique permettant de refléter le mieux possible le comportement réel du processus étudié en prenant en considération les différentes caractéristiques et contraintes en rapport avec ce processus (vitesse, variétés de formes et de personnes, etc).

La stratégie de caractérisation de l'écriture manuscrite proposée dans ce mémoire est basée sur de nouvelles structures de modélisation par approche multimodèle. Cette technique est connue par sa capacité à réduire la complexité du système étudié en remplaçant le modèle unique par un ensemble de modèles plus simples, formant ce qu'on appelle une «base» ou «bibliothèque» de modèles. Ceci permet d'appréhender le comportement non linéaire dans différentes zones de fonctionnement. Le comportement global est ensuite représenté en considérant la contribution de chaque sous-modèle pondérée par une fonction de validation ou de confiance judicieusement choisie, [Kardous Khaldi, 2004], [Ksouri-Lahmari et al, 2004], [Talmoudi et al, 2008] et [Elfelly, 2010].

Dans le cadre de la modélisation du système d'écriture à la main, une approche expérimentale proposée en 2003 par Sano, [Sano et al, 2003]. Cette approche a permis l'élaboration d'une base d'exemples constituée des coordonnées (x, y) relatives aux déplacements de la pointe du stylo sur le plan de l'écriture, d'un ensemble de lettres arabes et de formes géométriques simples et des enregistrements relatifs aux activités musculaires de deux muscles de l'avant bras intervenant lors de la production des traces graphiques, appelées signaux ElectroMyoGraphiques (EMG). Dans ce cas, les modèles caractérisant l'écriture manuscrite sont déterminés à partir des mesures de type entrée/sortie représentant les seules informations exploitables sur le processus à étudier. On parle alors, d'une représentation multimodèle de type « boîte noire ». La littérature révèle deux grandes classes de structures multimodèle conçues à cet effet pour ce type de représentation, [Manioudakis et al, 2001], [Selmic et al, 2001], [Viera et al, 2004] et [Elfelly, 2010].

Ces travaux sont consignés dans un mémoire de thèse composé de trois chapitres.

Le premier chapitre de ce mémoire est consacré aux outils et approches utilisés le long de ces travaux. Tout d'abord, les différentes méthodes de modélisation et d'identification des processus dynamiques sont abordées. Ce chapitre comporte, ensuite, une description de différents principes de la modélisation par approche multimodèle en présentant les différentes classes et techniques d'obtention de ces approches. Des méthodes de calcul de validité sont également définies.

Après une brève description de l'anatomie de la main et de l'avant-bras ainsi que du système nerveux moteur intervenant lors de la génération des traces manuscrites, quelques approches de modélisation conventionnelles du processus d'écriture à la main, abordées dans la littérature, sont exposées dans le deuxième chapitre.
La caractérisation du processus étudié par une approche expérimentale est aussi proposée. A partir des enregistrements expérimentaux, et en utilisant l'algorithme d'identification des Moindres Carrés Récursifs (MCR), la modélisation et l'identification d'une structure mathématique, basées sur les coordonnées de la pointe du stylo, sont ensuite proposées. Cette structure caractérise différents types de traces graphiques manuscrites. En utilisant la vitesse de la pointe du stylo, le même principe de modélisation et d'identisation a été proposé dans ce chapitre afin d'élaborer un modèle direct et un autre inverse caractérisant ce processus biologique complexe.

Dans le troisième chapitre, sont d'abord présentés les concepts de génération d'une bibliothèque multimodèle. Puis, à partir des modèles élaborés dans le chapitre précédent, une nouvelle structure multimodèle est proposée afin de généraliser le processus biologique complexe étudié. Cette structure permet de caractériser le processus d'écriture à la main à partir de deux bibliothèques, la première est constituée de sous-modèles basés sur les coordonnées de la pointe du stylo et la deuxième est constituée de sous-modèles élaborés à partir de la vitesse. La structure multimodèle inverse est également proposée, dans le troisième chapitre, afin de reconstituer les activités musculaires de l'avant-bras à partir des vitesses de la pointe du stylo.

Chapitre I :
Méthodes de modélisation
et d'identification des processus dynamiques

I.1. Introduction

La modélisation sert à attribuer au système étudié un modèle mathématique caractérisant au mieux son comportement dynamique. Divers types de modèles sont définis dans la littérature, à savoir les modèles de connaissances les modèles de représentation et les modèles basés sur la combinaison des deux derniers types. L'identification est l'étape d'estimation des paramètres intervenant dans l'équation mathématique d'un modèle de représentation qui décrit le comportement entrée/sortie d'un processus étudié.

Le présent chapitre porte sur la présentation de différents outils et méthodes de modélisation et d'identification des processus dynamiques. Les techniques de caractérisation des systèmes complexes par approche multimodèle sont également présentées dans ce chapitre.

I.2. Modélisation des processus dynamiques

La modélisation des processus dynamiques nécessite de définir une ou plusieurs équations mathématiques permettant de décrire le comportement le plus proche possible d'un système étudié. Le modèle élaboré doit assurer un bon compromis entre qualité (fiabilité, précision, robustesse, etc.) et simplicité (ordre, classe, etc.). Il doit être valide pour les situations possibles et prendre en considération la plupart de ses comportements.

La modélisation nécessite la mise en évidence de plusieurs variables à savoir les entrées de commande, les entrées de perturbations, les sorties et les variables d'état. Ces variables contribuent à la caractérisation du système étudié qui peut être classifié selon plusieurs propriétés, à savoir, [Borne et al, 1992 a et b] et [Kardous, 2004]:

- des systèmes à temps discret, basés sur des modes d'évolution séquentielle permettant d'observer les variables d'état et de sortie à des instants discrets; ou des systèmes à temps continu, caractérisés par le temps qui évolue de façon continue dans un intervalle bien déterminé.

Chapitre I

- des systèmes linéaires décrits par des équations différentielles reliant les entrées et les sorties du processus étudié et vérifiant les propriétés de la linéarité, la proportionnalité et la superposition; ou les systèmes non linéaires qui présentent la plupart des systèmes physiques.

- des systèmes stochastiques dans lesquels les relations entre les variables sont données en termes de valeurs statiques; ou les systèmes déterministes qui possèdent des entrées et des paramètres non bruités permettant une connaissance parfaite de son comportement.

- etc.

L'élaboration d'un modèle mathématique caractérisant le comportement d'un système bien déterminé, est un concept fondamental. Une multitude de types de modèles est présentée dans la littérature. Chaque type est défini à partir des conditions bien déterminées afin qu'il soit destiné à une application particulière.

Trois méthodes d'analyse peuvent être menées pour la description d'un système par un modèle mathématique. Ces méthodes sont la méthode théorique, la méthode expérimentale et la méthode théorico-expérimentale, [Borne et al, 1992a et b], [Landau, 1993] et [Kamoun, 1994].

I.2.1. Méthodes théoriques

La méthode théorique, se base sur une étude analytique permettant de décrire les phénomènes physico-chimiques qui régissent le système à modéliser. Le modèle mathématique pouvant résulter est appelé modèle de connaissance dont les paramètres ont une signification physique (vitesse, force, courant, etc.), [Landau, 1993].

Ce modèle offre une description précise et complète du comportement du processus à étudier. Cependant, ce modèle est rarement utilisé vu sa complexité et les difficultés de sa mise en œuvre. Ceci permet de définir deux cas d'utilisation de ce type de modèle, à savoir :

- la difficulté de faire des essais expérimentaux sur le système,
- l'indisponibilité ou inexistence du système.

L'élaboration d'un modèle de connaissance nécessite de passer par les trois étapes suivantes:

- déterminer les limites de fonctionnement du système et les hypothèses simplificatrices retenues pour négliger certains phénomènes,
- établir les relations entre le système et les lois universelles qui le régissent,
- appliquer les techniques de simplification des modèles mathématiques complexes (réduction de dimension, linéarisation autour d'un point de fonctionnement, etc.) afin de bien exploiter le modèle.

I.2.2. Méthodes expérimentales

La méthode expérimentale est la méthode la plus utilisée. Elle est basée sur une analyse expérimentale ou sur un ensemble de mesures relevées sur le système au cours de son fonctionnement. Le modèle mathématique élaboré dans cette méthode est appelé modèle de représentation. La mise en œuvre de la méthode expérimentale est plus simple par rapport au modèle de connaissance qui est souvent présenté par un ensemble d'équations assez complexes.

Contrairement à la méthode théorique, les paramètres intervenant dans ce modèle n'ont aucune signification physique, ce qui rend cette méthode peu appréciée par les physiciens, malgré le fait qu'elle offre une grande souplesse d'exploitation, [Landau, 1993].

I.2.3. Méthodes théorico- expérimentales

La méthode théorico-expérimentale est la combinaison des deux méthodes précédentes. La méthode théorique élimine les difficultés de la mise en œuvre et permet de tenir en compte de différents phénomènes influant sur le système étudié. La méthode expérimentale réduit le temps important de la mise en œuvre.

La méthode théorico-expérimentale permet de formuler un modèle mathématique à partir des résultats expérimentaux tout en exploitant les informations fournies par l'étude théorique, Figure I. 1, [Landau, 1993].

Chapitre I

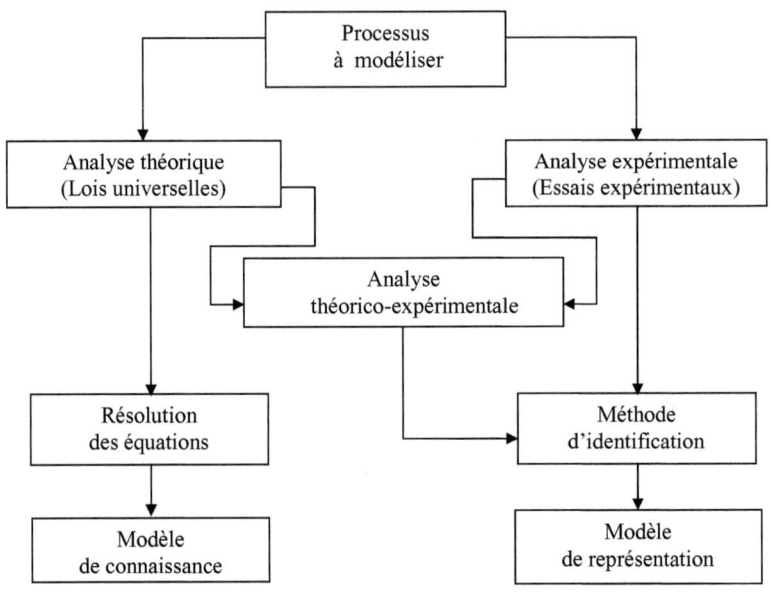

Figure I. 1 . Schéma de principe de modélisation des systèmes

I.3. Identification des systèmes dynamiques

L'identification des systèmes dynamiques consiste à estimer les paramètres d'un modèle mathématique à partir des observations sur les états ou sur les entrées/sorties, [Borne et al, 1992 a et b].

En effet, l'identification permet de formaliser les connaissances disponibles a priori, à collecter les données expérimentales et à estimer la structure et les paramètres du modèle étudié. Une étape de validation est enfin proposée, [Bohlin, 1987]. A cause du développement de l'informatique et du matériel de mesure numérique, de nombreuses études se sont intéressées à l'identification paramétrique en temps discret. Cette technique est devenue de plus en plus courante à cause de la nature discrète de données expérimentales et de la facilité de l'implémentation de l'algorithme d'identification et de la commande en temps discret, [Favier, 1982], [Landau, 1993] et [Kamoun, 1994].

L'identification sert également à déterminer un modèle de représentation qui décrit le comportement entrée/sortie du processus.

Dans la littérature, deux types de modèle sont définis, à savoir, [Brely, 2003] et [Laroche, 2007] :
- les modèles non paramétriques (réponse fréquentielle, réponse indicielle, réponse impulsionnelle),
- les modèles paramétriques (fonction de transfert, équations différentielles).

I.3.1. Identification non paramétrique

L'identification non-paramétrique consiste à estimer les réponses temporelles et fréquentielles sous forme expérimentale, sans chercher directement les paramètres ou la fonction de transfert traduisant le comportement dynamique du processus étudié. La difficulté de l'identification non-paramétrique se présente dans la définition des conditions d'expérience à satisfaire afin que les réponses mesurées reflètent le comportement du système à identifier, [Landau, 1993] et [Larminat et al, 1977].

I.3.2. Identification paramétrique

L'élaboration d'un modèle, de connaissance ou de représentation, caractérisant l'évolution dynamique d'un processus, nécessite la détermination de certains paramètres. Ces paramètres peuvent avoir une signification physique, comme dans le cas de modèles de connaissance, ou ne pas en avoir comme dans les modèles de comportement. Les paramètres, calculés pour les deux types de modèles doivent être déterminés à partir de données expérimentales et après avoir fixé la classe et la structure définissant le modèle mathématique du système à étudier, [Borne et al, 1992a] et [Larminat et al, 1977].
Le principe de l'identification paramétrique est présenté par la figure I. 2.

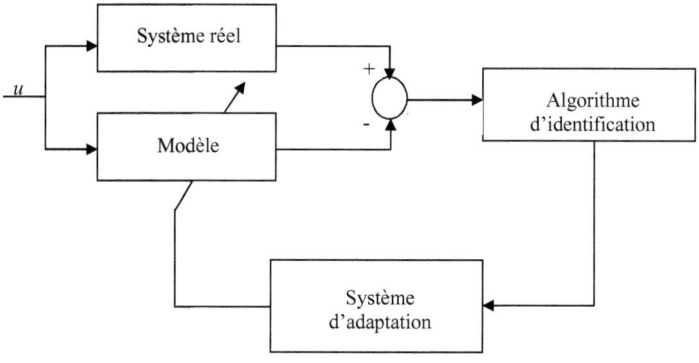

Figure I. 2. Identification paramétrique

Chapitre I

L'identification d'un système dynamique est décomposée en quatre étapes, figure I. 3.

La première étape de l'identification est l'acquisition de données qui nécessite un choix judicieux des signaux d'entrée du modèle étudié. Ces signaux doivent être suffisamment « riches » pour pouvoir exciter tous les modes intéressants du système pendant la durée de l'étude et pour assurer la convergence de l'algorithme d'identification. Une bonne acquisition de données, permettant l'enregistrement d'un maximum d'informations utiles, est nécessaire, [Borne et al, 1992a] et [Landau, 1993].

Les principaux signaux d'entrées utilisés en identification sont :

- le signal carré,
- les Séquences Binaire Pseudo-Aléatoire (SBPA),
- les Séquence Tertiaire Pseudo-Aléatoire (STPA),
- le bruit blanc.

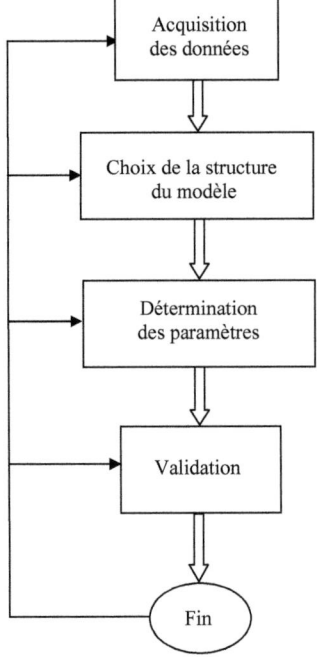

Figure I. 3. Les étapes de l'identification paramétrique

Le choix de la structure du modèle, étant la deuxième étape d'identification, permet de fixer l'ordre du modèle entrée/sortie proposé. Réellement, il n'existe pas de méthode systématique pour la détermination de l'ordre. Une multitude de tests, réalisés successivement, sert à fixer l'ordre du système. Ceci est réalisé en appliquant un critère étudiant l'évolution des erreurs entre les données et la sortie du modèle proposé.

La troisième étape de l'identification consiste à estimer les valeurs numériques des coefficients de la structure choisie. La confiance attribuée à ces valeurs est calculée par un critère, minimisé par l'algorithme d'identification. La validation du modèle choisi (structure et paramètres) est la dernière étape de l'identification; en effet, un modèle n'est valable en toute rigueur, que pour l'expérience utilisée. Cette étape vérifie la compatibilité du modèle élaboré à l'utilisation demandée.

L'estimation des paramètres se fait lorsque la structure du modèle est choisie. Deux classes de méthodes de calcul de paramètres sont proposées pour la résolution de ce problème, à savoir, les méthodes basées sur l'erreur de sortie, et les méthodes utilisant l'erreur d'équation ou de prédiction, [Favier, 1982], [Kamoun, 1994], [Borne et al, 1992b] et [Landau, 1993].

I.3.2.1. Identification par l'erreur de sortie

Landau a présenté une méthode d'identification paramétrique basée sur le calcul de l'erreur de sortie.

La structure de cette méthode d'identification, appelée aussi structure d'identification parallèle, consiste à déterminer un critère quadratique portant sur l'erreur de sortie, c'est-à-dire sur l'écart entre la sortie du système réel, y, et celle du modèle élaboré, y_m, figure I. 4, [Borne et al, 1992b] et [Landau et al, 1997].

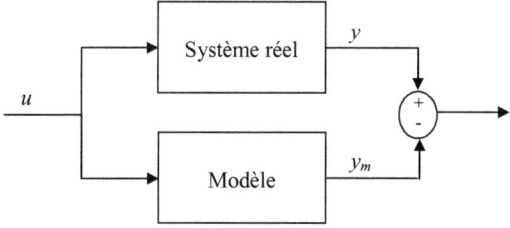

Figure I. 4. Identification basée sur l'erreur de sortie

I.3.2.2. Identification par l'erreur de prédiction

La méthode d'identification par l'erreur de prédiction, appelée aussi méthode des moindres carrés, considère l'écart e entre la sortie du système réel y et celle du modèle prédictif comme un bruit, figure I. 5.

Ces méthodes sont relativement simples à mettre en œuvre et peuvent être implantées en temps réel, [Landau, 1993].

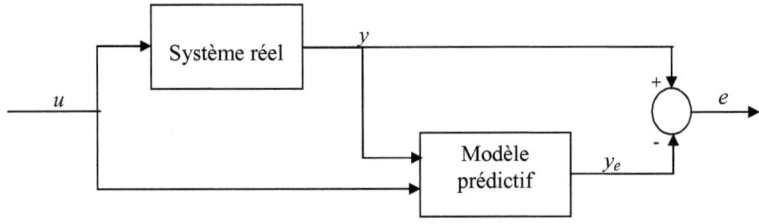

Figure I. 5. Identification basée sur l'erreur de prédiction

I.3.3. Méthodes d'identification récursives

Dans la littérature, plusieurs algorithmes d'identification ont été présentés, [Wong et al, 1967], [Astrom et al, 1971], [Gertler et al 1974], [Chisci et al, 1993], [Djigan, 2006] et [Wang et al, 2010]. Les algorithmes à structure récursive sont caractérisés par le calcul de chaque paramètre de la structure étudiée en tenant compte des valeurs aux instants précédents. En effet, chaque nouvelle valeur est égale à la valeur précédente plus un terme de correction qui dépendra des dernières mesures.

Les algorithmes d'adaptation paramétrique ont tous la structure suivante, [Landau, 1993] :

$$\begin{bmatrix} \text{Nouvelle estimation} \\ \text{des paramètres} \\ \text{(vecteur)} \end{bmatrix} = \begin{bmatrix} \text{Estimation précédente} \\ \text{des paramètres} \\ \text{(vecteur)} \end{bmatrix}$$

$$+ \begin{bmatrix} \text{Gain} \\ \text{d'adaptation} \\ \text{(matrice)} \end{bmatrix} \times \begin{bmatrix} \text{Fonction des} \\ \text{mesures} \\ \text{(vecteur)} \end{bmatrix} \times \begin{bmatrix} \text{Fonction de l'erreur} \\ \text{de prédiction} \\ \text{(scalaire)} \end{bmatrix}$$

Les algorithmes d'identification récursifs présentent plusieurs avantages par rapport aux algorithmes non récursifs, à savoir, [Landau, 1993]:
- l'estimation du modèle est obtenue pendant l'évolution du processus étudié,

Chapitre I

- la compression de données, car les algorithmes récursifs ne traitent à chaque instant qu'une paire de données entrée/sortie au lieu de l'ensemble de paires entrée/sortie,
- la capacité réduite de stockage pour le traitement des données,
- la mise en œuvre simple et pratique sur les micro-ordinateurs,
- la possibilité d'identifier en temps réel,
- la possibilité d'une poursuite des paramètres des systèmes variables dans le temps.

I.3.3.1. Méthode des Moindres Carrés Récursifs (MCR)

L'implantation des algorithmes d'identification non récursifs en temps réel est quasiment impossible dans le cas des systèmes ayant une puissance de calcul et une capacité de stockage de données limitées (microprocesseur, DSP, etc.).

L'estimateur des MCR est une solution des problèmes posés dans l'identification non paramétrique. Il offre, à chaque instant, un traitement séquentiel de données expérimentales disponibles, évoluant au fur et à mesure que le système évolue, [Gerves et al, 1973] et [Landu, 1993].

L'équation (I. 1) caractérise un modèle entrée/sortie.

$$y(k) = -a_1 y(k-1) - \cdots - a_n y(k-n) + b_1 u(k-1) + \cdots + b_m u(k-n) + e(k) \quad (I.\,1)$$

$u(k)$ et $y(k)$ représentent respectivement l'entrée et la sortie du système à l'instant k.
$e(k)$ est le bruit agissant sur le système.
a_i et b_j sont des paramètres inconnus ($i = j = 1, 2, \ldots, n$).
Le degré n est déterminé a priori.

Le modèle (I. 1) peut être représenté sous une forme matricielle décrite par la relation (I. 2).

$$y(k) = \theta^T(k)\psi(k) + e(k) \quad (I.\,2)$$

avec :

$\psi(k)$: vecteur d'observation,

$\theta(k)$: vecteur des paramètres à estimés,

Ces vecteurs sont représentés respectivement par les équations (I. 3) et (I. 4) :

$$\theta^T = [a_1 \ldots a_n \, b_1 \ldots b_m] \quad (I.\,3)$$

$$\psi^T(k) = [-y(k-1) \cdots -y(k-n) \, u(k-1) \cdots u(k-m)] \quad (I.\,4)$$

La sortie prédite est donnée par la relation (I. 5).

Chapitre I

$$\hat{y}(k) = \hat{\theta}^T(k-1)\psi(k) \qquad (I.5)$$

Le vecteur des paramètres estimés, noté $\hat{\theta}$ est défini par la relation (I. 6).

$$\hat{\theta}^T(k-1) = \left[\hat{a}_1(k-1) \cdots \hat{a}_n(k-1)\ \hat{b}_1(k-1) \cdots \hat{b}_m(k-1) \right] \qquad (I.6)$$

L'estimation des paramètres, représentés par le vecteur θ, basée sur l'algorithme des Moindres Carrés Récursifs (MCR) consiste à minimiser un critère quadratique J qui peut être décrit par l'équation (I. 7), [Ben Abdennour et al, 2001] et [Landu, 1993].

$$J(k) = \sum_{i=n+1}^{k} \left[y(i) - \hat{\theta}^T(k)\psi(i) \right] \qquad (I.7)$$

En effet, la minimisation de ce critère est décrite par l'algorithme d'identification récursif des moindres carrés ordinaires, exprimé par les relations (I. 8), (I. 9) et (I. 10).

$$\hat{\theta}(k) = \hat{\theta}(k-1) + P(k) \sum_{i=n+1}^{k} y(i)\Psi(i) \qquad (I.8)$$

$$P(k) = P(k-1) - \frac{P(k-1)\Psi(k)\Psi^T(k)P(k-1)}{1+\Psi^T(k)P(k-1)\Psi(k)} \qquad (I.9)$$

$$\xi(k) = y(k) - \hat{\theta}^T(k-1)\Psi(k) \qquad (I.10)$$

P(k), étant la matrice de gain d'adaptation symétrique.

La convergence de cet algorithme dépend des conditions portant sur l'erreur de prédiction et sur la variation des paramètres estimés à chaque pas d'itération, [Landau, 1993] et [Tutunji et al, 2007].

La matrice de gain d'adaptation et le vecteur des paramètres θ doivent être initialisés, dans ce cas:

- le vecteur $\theta = 0$,
- la matrice du gain $P = \alpha I$

I est la matrice d'identité et α est une constant à imposer.

I.3.3.2. Méthode des Moindres Carrés Etendus (MCE)

La méthode des moindres carrés étendus constitue une amélioration de la méthode des moindres carrés ordinaires. Les paramètres estimés par cette technique permettent de décrire, dans un milieu stochastique, un modèle de type ARMAX (Auto Regressive Moving Average with eXternal inputs), relation (I. 11).

Chapitre I

$$y(k) = -a'_1 y(k-1) - \cdots - a'_n y(k-n) + b'_1 u(k-1) + \cdots + b'_m u(k-n) \quad (I.\,11)$$
$$+ e(k) + c'_1 e(k-1) + \cdots + c'_m e(k-n)$$

La relation (I. 12) représente la forme matricielle du modèle.

$$y(k) = \theta'^T(k)\psi'(k) + e(k) \quad (I.\,12)$$

θ' et ψ' sont les vecteurs de paramètres et d'observation, respectivement. Ils sont définis comme suit, (I. 13) et (I. 14):

$$\theta'^T = [a'_1 \ldots a'_n \, b'_1 \ldots b'_m \, c'_1 \ldots c'_m] \quad (I.\,13)$$

$$\psi'^T(k) = [-y(k-1) \cdots -y(k-n)\, u(k-1) \cdots u(k-m)\, e(k-1) \cdots e(k-m)] \quad (I.\,14)$$

Le vecteur bruit, e, est exprimé par la relation (I. 15).

$$e(k) = y(k) + \theta'^T(k)\psi'(k) \quad (I.\,15)$$

A partir des vecteurs de paramètres et d'observation, θ' et ψ', l'estimation du bruit est calculée par les résidus ε qui correspondent à l'erreur de prédiction a posteriori, (I. 16).

$$\varepsilon(k) = y(k) + \hat{\theta}'^T(k)\hat{\psi}'(k) \quad (I.\,16)$$

$\hat{\theta}'$ et $\hat{\psi}'$ sont les vecteurs estimés représentant les paramètres et l'observation, respectivement. Ils sont définis comme suit, (I. 17) et (I. 18):

$$\hat{\theta}'^T = [\hat{a}'_1 \ldots \hat{a}'_n \, \hat{b}'_1 \ldots \hat{b}'_m \, \hat{c}'_1 \ldots \hat{c}'_m] \quad (I.\,17)$$

$$\hat{\psi}'^T(k) = [-y(k-1) \cdots -y(k-n)\, u(k-1) \cdots u(k-m)\, \varepsilon(k-1) \cdots \varepsilon(k-m)] \quad (I.\,18)$$

Les équations (I. 19), (I. 20) et (I. 21) décrivent la méthode des moindres carrés étendus.

$$\hat{\theta}'(k) = \hat{\theta}'(k-1) + P'(k)\hat{\Psi}'(k)\varepsilon(k) \quad (I.\,19)$$

$$P'(k) = P'(k-1) - \frac{P'(k-1)\Psi'(k)\Psi'^T(k)P'(k-1)}{1 + \Psi'^T(k)P'(k-1)\Psi'(k)} \quad (I.\,20)$$

$$\varepsilon(k) = y(k) - \hat{\theta}'^T(k-1)\Psi'(k) \quad (I.\,21)$$

D'autres versions de l'algorithme RELS sont présentées dans la littérature, [Landau, 1993], [Kamoun et al, 2001] et [Chihi et al, 2013]. Cette méthode présente également l'avantage d'estimer à la fois les paramètres du système étudié et ceux du bruit. La description d'un système stochastique à bruit corrélé par un modèle ARMAX n'est pas arbitraire. En effet, ce

Chapitre I

type de modèle nécessite de blanchir le résidu, ce qui donne des estimés sans biais, [Landau, 1993].

I.3.3.3. Méthode de la Variable Instrumentale(VI) à observation retardée

La méthode d'identification par moindres carrés est facile et simple à mettre en œuvre. Cependant, cette méthode est sensible aux perturbations. Permettant d'identifier les paramètres d'un système dans un milieu stochastique, la méthode d'identification paramétrique par Variable Instrumentale (VI) à observation retardée est une amélioration de la méthode des moindres carrés. En se basant sur une estimation biaisée, cette méthode est considérée comme une simple modification de la méthode des moindres carrés, [Landau, 1993]. Deux types d'estimateurs sont utilisés dans l'identification par la méthode de la variable instrumentale, à savoir:

- l'estimateur non récursif qui est le moins utilisé. Il peut mener à un échec dans le cas où l'horizon du système est important; cet échec est le résultat:
    - de la capacité importante de stockage des données,
    - du grand volume du temps nécessaire au calcul et au traitement des données.
- l'estimateur récursif, qui est le plus utilisé, résout tous les problèmes du premier estimateur.

Les équations (I. 22), (I. 23) et (I. 24) décrivent la méthode de la variable instrumentale.

$$\hat{\theta}(k) = \hat{\theta}(k-1) + P(k) z(k) \xi(k) \tag{I. 22}$$

$$P(k) = P(k-1) - \frac{P(k-1) z(k) \Psi^T(k) P(k-1)}{1 + \Psi^T(k) P(k-1) z(k)} \tag{I. 23}$$

$$\xi(k) = y(k) - \hat{\theta}^T(k-1) \Psi(k) \tag{I. 24}$$

$z(k)$ est la variable instrumentale.

On distingue deux méthodes d'analyse pour le développement de la variable instrumentale. La première, appelée variable instrumentale à observations retardées, consiste à créer un nouveau vecteur d'observations à partir des observations retardées. La deuxième méthode propose de créer un vecteur instrumental asymptotiquement optimal à partir des éléments relatifs à la sortie de certain modèle. Cette méthode est connue sous le nom variable aléatoire à modèle auxiliaire.

I.4. Approches multimodèles de caractérisation des processus dynamiques

Ces dernières années, une approche appelée « approche multimodèle » a attiré l'attention de plusieurs chercheurs, [Delmotte, 1997], [Murray-Smith et al, 1997], [Chadli, 2002], [Kardous Khaldi, 2004], [Ksouri-Lahmari et al, 2004] et [Talmoudi et al, 2008].

Cette approche est basée sur la définition de multiples modèles Linéaires à Temps Invariant (LTI) décrivant le comportement dynamique d'un processus autour de différents points de fonctionnement. Cette méthodologie repose sur la fragmentation d'un problème complexe en sous-problèmes plus simples et sur la représentation d'un modèle unique souvent difficile à obtenir par un ensemble de sous-modèles.

L'approche multimodèle est similaire aux modèles flous de type Takagi-Sugeno (T-S), qui présentent un cas particulier de la représentation multimodèle. En effet, cette représentation permet de définir le comportement dynamique d'un processus non linéaire sous forme d'une association de modèles linéaires locaux. Chaque modèle local, appelé « sous-modèle » caractérise un système linéaire valide dans un domaine de fonctionnement bien déterminé. L'association de sous-modèles est une description du comportement global du processus étudié.

I.4.1. Principe de la représentation multimodèle

L'approche multimodèle consiste à réduire la complexité du système en décomposant son espace de fonctionnement en un nombre fini de zones de fonctionnement caractérisées par un ensemble de sous-modèles ayant des structures linéaires et simples.

Le comportement du système étant de moindre complexité dans chaque zone, un sous-modèle de structure simple peut alors être utilisé. La sortie de chaque sous-modèle est plus ou moins mise à contribution en vue d'approcher le comportement global du système. Cette contribution est quantifiée par une fonction de pondération, appelée également fonction de validité, associée à chaque zone de fonctionnement.

La mise en œuvre d'une telle approche est proposée, d'une part, pour les systèmes de type « boîte noire », où les mesures des entrées/sorties présentent l'information unique disponible sur le système à étudier et d'autre part, pour les systèmes complexes et non-linéaires.

Le principe de fonctionnement de l'approche multimodèle est donné dans la figure I. 6, qui présente trois blocs principaux.

Le bloc « base de modèles » appelé aussi « bibliothèque de modèles », ayant u comme entrée, regroupe n sous-modèles, M_i (i étant le numéro de sous-modèle et $i = 1, 2, ..., n$). Les sous-modèles représentent le processus étudié dans plusieurs zones de fonctionnement; c'est-à-dire que chaque élément de cette base représente le comportement du système dans un ou quelques domaines de fonctionnement bien déterminés. Les sous-modèles peuvent être de même structure ou de structures et d'ordres différents.

Le « bloc de décision » estime la pertinence ou la validité de chaque sous-modèle de la base en fonction de plusieurs paramètres, f_i, qui dépendent des mesures entrées/sorties du processus étudié, de certaines variables internes et/ou externes, g_i, des sous-modèles de la base et de la sortie du processus.

La combinaison des informations issues du bloc de base de modèles (précisément des sorties de chaque sous-modèle, y_i) et du bloc de décision, est réalisée à travers le « bloc de sortie » qui calcule la sortie multimodèle à chaque instant. Il existe deux méthodes de calcul de la sortie multimodèle, y_{mm}, la première utilise les validités, v_i, à commutation et la deuxième est basée sur les validités obtenues par une technique de fusion des paramètres, f_i et g_i, ou des sorties partielles, y_i, issues de la bibliothèque des modèles, en particulier, [Delmotte, 1997], [Chadli, 2002] et [Kardous Khaldi, 2004].

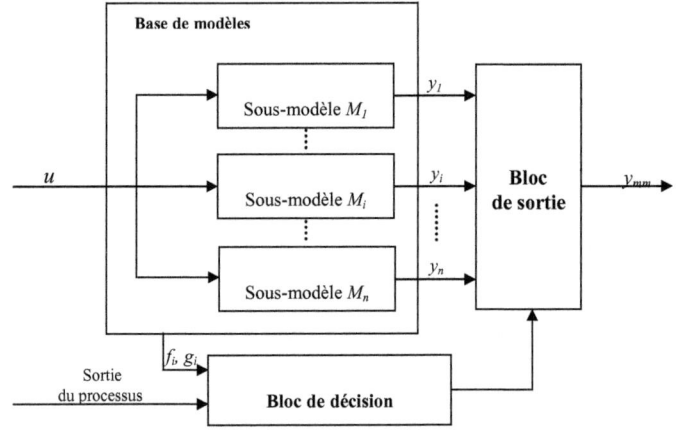

Figure I. 6. Principe de fonctionnement de l'approche multimodèle

I.4.1.1. Multimodèle par commutation

Le principe de la commutation multimodèle est donné dans la figure I. 7. u est l'entrée commune de tous les sous-modèles de la base. A chacun de ces sous-modèles est attribuée une seule validité, c_i. Cette validité ne peut prendre que deux valeurs, 0 ou 1.

A un instant donné, le sous-modèle, possédant le degré de pertinence le plus élevé, présente le comportement du processus dans un domaine de fonctionnement bien déterminé. Dans ce cas, la structure multimodèle est équivalente à un seul sous-modèle de la bibliothèque. Malgré sa simplicité, la représentation fidèle du comportement global du processus étudié par cette méthode nécessite d'élaborer plusieurs sous-modèles, ce qui est difficile dans le cas d'un processus assez complexe.

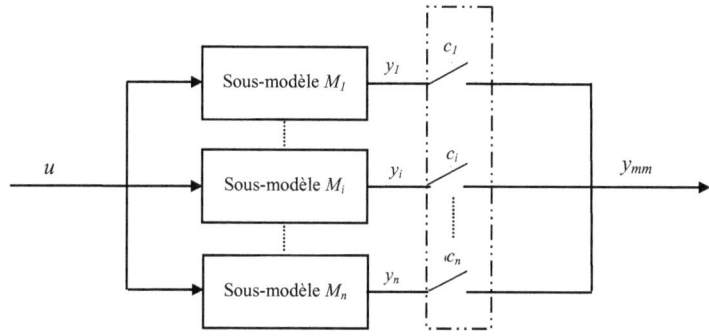

Figure I. 7. Principe de la commutation multimodèle

I.4.1.2. Multimodèle par fusion

La fusion multimodèle consiste à pondérer tous les modèles de la base en fonction de leurs validités, v_i. La figure I. 8 représente le principe de la fusion par l'approche multimodèle.

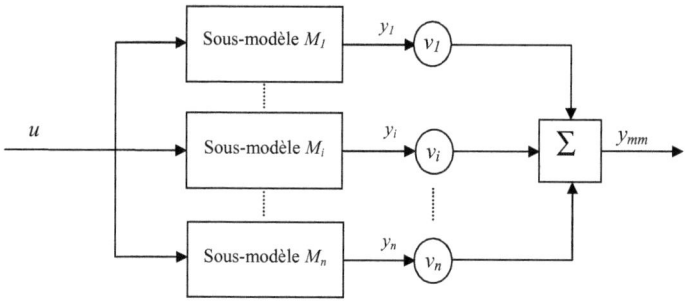

Figure I. 8. Principe de la fusion multimodèle

Chaque sous-modèle M_i contribue partiellement dans la description du modèle global sans être pour autant totalement représentatif. Dans ce cas, la sortie multimodèle, y_{mm}, est déduite de différentes sorties des sous-modèles, y_i, de la base avec des proportions variables d'un sous-modèle à un autre et d'un instant à un autre. Ces proportion dépendent des validités, v_i, calculées à partir des paramètres ou des sorties partielles des sous-modèles de la base, [Takagi et al, 1985] et [Elfelly, 2010].

I.4.1.3. Classes des systèmes multimodèles

Les structures multimodèles par fusion sont plus utilisées que les structures multimodèles par commutation. Dans la littérature, deux approches multimodèle par fusion sont définies. La première est caractérisée par un modèle global explicite et la deuxième repose sur un modèle global implicite, [Principe et al, 1998], [Cho et al, 2007], [Baruch et al, 2008], [Talmoudi et al, 2008] et [Elfelly, 2010].

I.4.1.3.1. Classe de modèle global explicite

La classe de modèle global explicite nécessite une fusion des paramètres de différents sous-modèles de la bibliothèque. Cette classe de modèles est précisée dans la figure I. 9. Le modèle global est traduit par le couple de paramètres (f, g). Il est, réellement, exprimé à partir des sous-modèles, M_i, traduisant son comportement dans différents domaines de fonctionnement. Ceci est réalisé à travers les expressions mathématiques relatives à chaque sous-modèle, les différents couples de paramètres (f_i, g_i), les validités v_i et la sortie du processus étudié. En effet, f_i dépend des mesures sur les entrées/sorties de chaque sous-modèle et g_i traduit ses variables internes/externes.

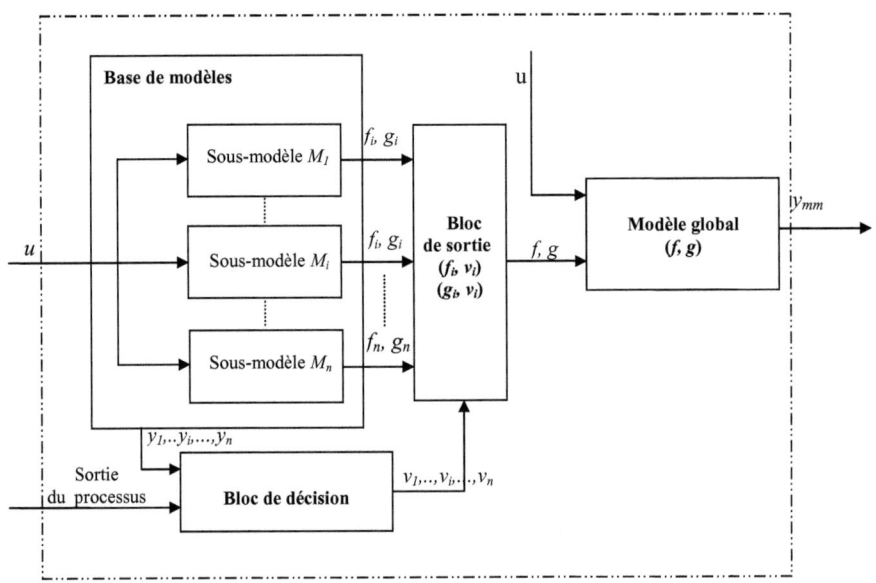

Figure I. 9. Système multimodèle à modèle global explicite

La classe de modèles explicite facilite l'étude de certaines propriétés des systèmes complexes. Cependant, les modèles de la bibliothèque doivent avoir une structure identique. Cette contrainte limite le choix des sous-modèles et conduit à moins de liberté et de souplesse dans la construction de la base de modèles. La classe de modèle global implicite est une solution à ce problème.

I.4.1.3.2. Classe de modèle global implicite

La classe de modèle global implicite calcule la sortie multimodèle, y_{mm}, à chaque instant, en effectuant une fusion entre les sorties, y_i, de chaque sous-modèle, M_i. Les sorties contribuent avec la sortie du processus dans le calcul des validités. Ces validités, v_i, appelées aussi confiances sont attribuées aux sous-modèles afin de traduire la contribution de chacun dans le calcul de la sortie globale, figure I. 10.

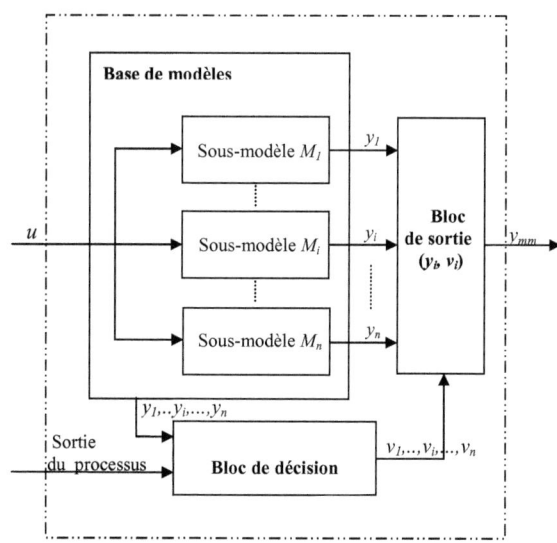

Figure I. 10. Système multimodèle à modèle global implicite

I.4.2. Structures multimodèles

La sortie multimodèle globale est calculée par l'interconnexion de différents sous-modèles de la bibliothèque. La littérature définit trois structures multimodèles, à savoir :

- la structure couplée,
- la structure découplée,

- la structure hiérarchisée.

I.4.2.1. Structure couplée

La structure multimodèle à états couplés, appelée également modèle de Takagi-Sugeno, est la structure la plus répandue en analyse et en synthèse des multimodèles, [Tanaka et al, 1996]. Comme le montre la figure I. 11, cette structure est caractérisée par :

- une sortie globale qui couple toutes les sorties des sous-modèles,
- un même ordre des sous-modèles,
- un mélange des paramètres des sous-modèles.

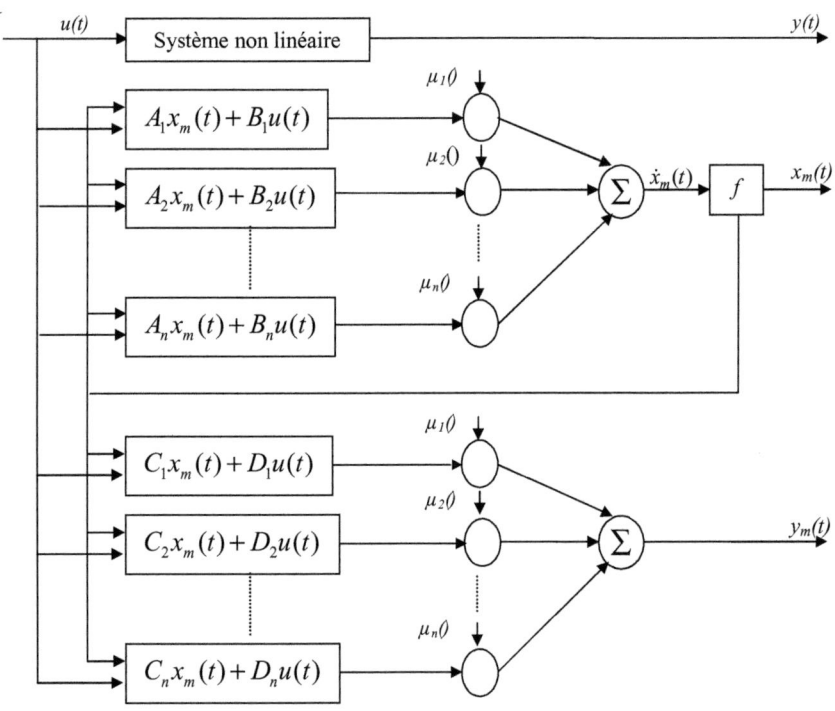

Figure I. 11. Architecture d'une structure multimodèle couplée

$$\dot{x}_m(t) = \sum_{i=1}^{n} \mu_i(\xi(t))(A_i x_m(t) + B_i u(t)) \qquad (I.25)$$

$$y_m(t) = \sum_{i=1}^{n} \mu_i \xi(t) C_i x_m(t) \qquad \text{(I. 26)}$$

Cette structure est présentée par les équations (I. 25) et (I. 26).

$x_m(t)$ est le vecteur d'état. $u(t)$ est le vecteur des entrées et $y_m(t)$ est le vecteur des sorties.

A, B, C, et D désignent, respectivement, la matrice d'évolution (appelée aussi matrice d'état), la matrice de commande (appelée aussi matrice d'entrée), la matrice d'observation (appelée aussi matrice de mesures) et le coefficient de transmission directe reliant la sortie directe à l'entrée.

$\mu_i(\xi(t))$, ($i = 1, 2, ..., n$ et n étant le nombre de sous-modèles) sont les fonctions d'activation et $\xi(t)$ est le vecteur des variables de décision dépendant des variables d'état mesurables et éventuellement de la commande $u(t)$.

I.4.2.2. Structure découplée

La structure découplée est proposée en 1991 par Filev, [Filev, 1991]. La figure I. 12, présente n sous-modèles mis en parallèle, chacun est indépendant de l'autre et possède son propre espace de fonctionnement dans lequel il évolue en fonction du signal de commande, $u(t)$, et de son état initial.

La sortie globale, y_m, générée par cette structure est donnée par la somme des sorties de sous-modèles pondérée par des validités, μ_i, présentant le degré de contribution de chaque sous-modèle.

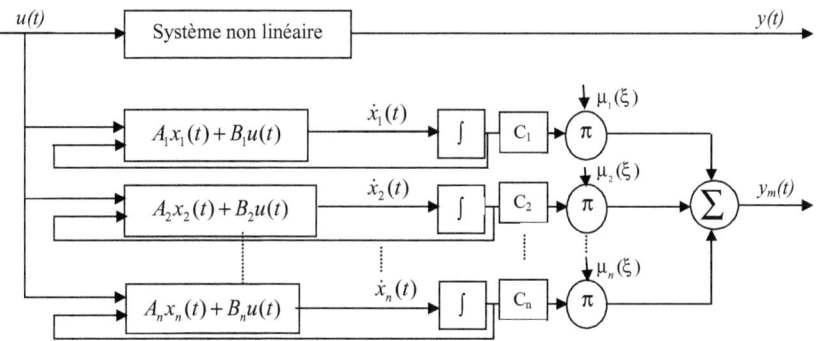

Figure I. 12. Architecture d'une structure multimodèle à modèles locaux découplés

Le modèle global est ainsi donné par les équations (I. 27) et (I. 28) :

$$\dot{x}_i(t) = A_i x_i(t) + B_i u(t) \qquad i \in \{1,...,n\} \qquad (\text{I. 27})$$

$$y_m(t) = \sum_{i=1}^{n} \mu_i \xi(t)) C_i x_i(t) \qquad (\text{I. 28})$$

Notons que les matrices A_i, B_i Ci et D_i ainsi que les fonctions d'activation $_i$ sont calculées de la même façon que dans la structure couplée.

I.4.2.3. Structure hiérarchisée

Dans le but de trouver une solution au problème lié au nombre de sous-modèles élevé, qui augmente avec l'augmentation du nombre de variables, la structure multimodèle hiérarchique proposée par Raju, permet de minimiser le nombre de modèles locaux, [Raju et al, 1991], [Wei et al, 2000] et [Joo et al, 2002].

La figure I. 13 montre le principe de fonctionnement de la structure hiérarchique qui comporte n entrées et n-1 sorties. Le nombre total de sous-modèles est égal à n-1. Le premier sous-modèle M_1 admet deux entrées, $x_1(t)$ et $x_2(t)$ et une seule sortie, $y_1(t)$ qui est une entrée du sous-modèle M_2. Chaque sous-modèle M_i ($i = 2, 3, ..., n$-1) possède également deux entrées, x_{i+1} et y_{i-1} (sortie de sous-modèle précédent). La sortie, y_i, du sous-modèle M_i est l'entrée du sous-modèle M_{i+1}

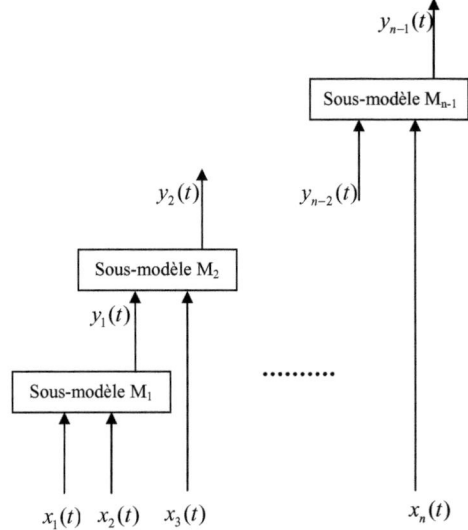

Figure I. 13. Architecture d'une structure multimodèle hiérarchique

I.4.3. Méthodes basées sur l'approche multimodèle

Chapitre I

L'approche multimodèle consiste à résoudre les problèmes et les difficultés rencontrés lors de la modélisation et la commande de processus complexes. Cette approche remplace un modèle unique par un ensemble de modèles plus simples. Ceci permet de représenter les systèmes dynamiques non-linéaires sous forme d'une interpolation entre les sous-modèles de la base, caractérisant chacun le fonctionnement du processus autour d'un point de fonctionnement.

Dans ce sens, trois méthodes différentes sont utilisées pour l'obtention de sous-modèles de la base. La première méthode est basée sur la technique d'identification, la deuxième méthode consiste à linéariser le système autour de différents points de fonctionnement et la dernière méthode est la transformation polytopique convexe.

I.4.3.1. Multimodèle par identification

Dans le cas d'une synthèse de système de type « boîte noire », il est conseillé d'utiliser la technique d'identification pour obtenir une base de modèles à partir des informations sur les entrées/soties du processus étudié dans différents domaines de fonctionnement.

Cette méthode, qui est réellement expérimentale, est appliquée lorsqu'aucun modèle de connaissance n'est disponible. Elle permet, d'élaborer un modèle mathématique, de classe fixée a priori, et équivalent au processus réel à identifier, [Landau, 1993], [Borne et al, 1992], [Wu et al, 1999], [Joha et al, 2000], [Abon et al, 2001], [Joha et al 2003], [Drag et al, 2004] et [Plam et al, 2004].

La formulation d'une identification multimodèle dépend de plusieurs éléments, à savoir :

- le type de fonctionnement du système qui peut être en boucle ouverte ou en boucle fermée,
- le type du signal d'entrée,
- la méthode de traitement et de stockage des données relative au processus étudié,
- le choix de la période d'échantillonnage relative à l'acquisition des données,
- etc.

Les algorithmes des moindres carrés, sont souvent utilisés pour l'estimation des paramètres du modèle mathématique, élaboré par une identification multimodèle.

L'identification par l'algorithme MCR est la plus utilisée dans la littérature, car elle offre une implémentation facile et efficace en temps réel et une mise en œuvre pratique simple et flexible.

Chapitre I

L'inconvénient de la méthode d'identification se résume dans la nature des paramètres estimés, intervenant dans le modèle mathématique, qui n'ont aucune signification physique.

I.4.3.2. Multimodèle par linéarisation

En 1985, Takagi et Sugeno ont proposé la méthode de linéarisation pour la synthèse d'une structure multimodèle. Cette méthode consiste à linéariser un modèle caractérisant un processus réel non-linéaire. La linéarisation est réalisée autour de plusieurs points de fonctionnement, judicieusement choisis. Le nombre de sous-modèles dépend de la complexité du processus non-linéaire à caractériser, de la précision de modélisation désirée et de la fonction de validité choisie, [Takagi et al, 1985], [Delmotte, 1997] et [Chadli, 2002].
Considérons le système non linéaire caractérisé par l'équation (I. 29) :

$$\dot{x}(t) = f(x(t), u(t), t) \qquad (I.\ 29)$$

avec:

x : vecteur d'état, $x \in \mathbb{R}^n$,

u : vecteur d'entrée, $u \in \mathbb{R}^m$,

$f(.)$: fonction supposée continûment dérivable.

La linéarisation de la fonction $f(.)$ autour d'un point de fonctionnement arbitraire, décrite par le couple (x_i, u_i) est résumé par les relations (I. 30) et (I. 31).

$$\dot{x}(t) = A_i(x(t) - x_i) + B_i(u(t) - u_i) + f(x_i, u_i) \qquad (I.\ 30)$$

autrement :

$$\dot{x}(t) = A_i x(t) + B_i u(t) + w_i \qquad (I.\ 31)$$

avec :

$$A_i = \left.\frac{\partial f(x,u)}{\partial x}\right|_{\substack{x=x_i \\ u=u_i}},\ B_i = \left.\frac{\partial f(x,u)}{\partial u}\right|_{\substack{x=x_i \\ u=u_i}},\ w_i = f(x_i, u_i) - A_i x_i - B_i u_i$$

avec :

A_i et B_i : les matrices Jacobiennes de $f(.)$ par rapport à x et u, respectivement,

w_i : constante de linéarisation.

Dans le cas où les sous-modèles sont obtenus par linéarisation autour de n points de fonctionnement, l'expression multimodèle est décrite par la relation (I. 32).

$$\dot{x}(t) = \sum_{i=1}^{n} \mu_i(t)(A_i x(t) + B_i u(t) + w_i) \qquad i = 1, 2, \ldots, n \qquad (I.\ 32)$$

μ_i est une fonction d'activation, représentant les degrés de confiance et de pertinence de chaque sous-modèle.

La construction d'une base de modèles par cette méthode dépend du nombre total des sous-modèles. Ce nombre vari selon la précision de modélisation souhaitée, la complexité du système étudié et l'étendu de son domaine de fonctionnement.

I.4.3.3. Multimodèle par transformation polytopique convexe

Tanaka et al ont proposé, en 1996, la structure multimodèle par transformation polytopique convexe permettant de mettre sous forme régulière des modèles non-linéaires en la commande, [Tanaka et al, 1996]. L'avantage de cette méthode se résume dans sa capacité à minimiser le nombre de sous-modèles par rapport à la méthode de linéarisation, [Blanco, 2001], [Morère, 2001] et [Kardous Khaldi, 2004].

I.4.4. Méthodes et approches pour le calcul de validités

La structure multimodèle génère une sortie globale à partir des sorties de chaque sous-modèle, constituant la bibliothèque. Ces sorties sont pondérées par une fonction judicieusement choisie, servant à traduire le degré de pertinence de chaque sous-modèle. Connue sous le nom de validité, cette fonction calcule le degré de confiance de chaque sous-modèle de la base compris entre 0 et 1. Dans le cas où la validité est égale à 1, le modèle représente parfaitement le système étudié à un instant considéré et lorsque la validité d'un modèle est égale à 0, celui-ci est considéré inactif, à l'instant donné; il ne représente en aucun cas le système étudié et par conséquent n'influe pas sur la sortie multimodèle globale, [Delmotte, 1997] et [Morère, 2001].

Dans le cas d'une approche multimodèle par commutation, un seul sous-modèle, M_i, est choisi, la validité $\mu_i = 1$ et les autres sous-modèles sont inactifs et possédant des validités nulles à cet instant.

Dans le cas d'une approche multimodèle par fusion, aucun sous-modèle ne peut être idéal, et toutes les validités doivent vérifier la condition présentée par l'équation (I. 33).

$$\sum_{i=1}^{n}\mu_i = 1, \quad \mu_i \in [0,1] \quad i = 1,...,n \qquad (I.\ 33)$$

Plusieurs méthodes sont distinguées pour le calcul de validités et de degrés de contribution des sous-modèles. Dans ce travail, nous allons présenter quatre méthodes, à savoir, l'approche directe, l'approche géométrique, l'approche des résidus et l'approche probabiliste

I.4.4.1. Approche directe

L'approche directe de calcul de validités nécessite une modélisation idéale et une acquisition suffisante de connaissances à priori sur le processus à élaborer. Ces informations sont utilisées pour le calcul des validités de chaque sous-modèle de la base. Dans ce cas, les validités calculées, permettent de choisir ou d'éliminer un sous-modèle, [Delmotte, 1997].

L'approche directe offre une mise en œuvre simple. Cependant, elle nécessite une bonne expertise et une acquisition suffisante de données et de connaissances a priori sur le processus étudié.

I.4.4.2. Approche géométrique

L'approche géométrique de calcul des validités consiste à calculer la distance $d_i(t)$ relative à la mesure de l'écart entre le vecteur d'état du système $x(t)$ et le vecteur d'état $x_{(M_i)}(t)$ du $i^{\text{ème}}$ modèle de la base, [Delmotte, 1997] et [Borne, 1998], équations de (I. 34) jusqu'à (I. 36).

Cette approche est convenable et souvent utilisée dans le calcul des degrés de pertinence des sous-modèles obtenus par linéarisation autours de certains points de fonctionnement.
Les distances géométriques, figure I. 8, peuvent être calculées comme suit :

$$d_i(t) = \left\| x(t) - x_{(M_i)}(t) \right\| \qquad i = 1, 2, ..., n \qquad (I.\ 34)$$

Chapitre I

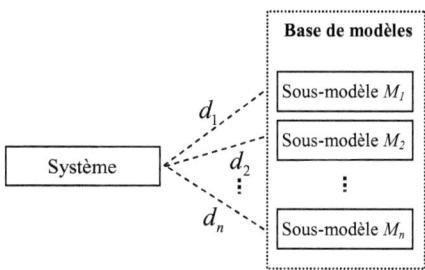

avec :
Figure I. 14. Approche géométrique

$$\begin{cases} x(t) = \left[x_1(t), x_2(t), \ldots, x_n(t) \right] \\ x_{(M_i)}(t) = \left[x_{1i}(t), x_{2i}(t), \ldots, x_{ni}(t) \right] \end{cases} \quad (I.35)$$

$\| \cdot \|$ étant une norme, pouvant être la norme euclidienne. Dans ce cas on a :

$$d_i(t) = \sqrt{\sum_{j=1}^{n} \left(x_j(t) - x_{ji}(t) \right)^2} \quad (I.36)$$

La distance normalisée d_i^{norm} correspondante est définie par la relation :

$$d_i^{norm}(t) = \frac{d_i(t)}{\sum_{j=1}^{n} d_j(t)} \quad (I.37)$$

Le facteur de confiance, t_i, calculé à partir de la relation (I. 38), permet de contrôler la transition entre les différents modèles ou plus précisément la transition lors de la sortie du système d'un domaine de validité, [Borne, 1998].

$$t_i(t) = \left(1 - d_i^{norm}(t) \right) \prod_{j=1}^{n} \left[1 - \exp\left(-\left(\frac{d_j^{norm}(t)}{\sigma} \right)^2 \right) \right] \quad (I.38)$$

σ représente un paramètre de réglage.

Chapitre I

L'expression, $\prod_{\substack{j=1 \\ j \neq i}}^{n} \left[1 - \exp\left(-\left(\frac{d_j^{norm}(t)}{\sigma} \right)^2 \right) \right]$, présente un terme de correction renforçant le

degré de confiance du modèle M_i au système étudié autour du $i^{\text{ème}}$ point de fonctionnement. Le facteur de confiance permet de définir la validité $\mu_i(t)$ par l'équation (1. 39).

$$\mu_i(t) = \frac{t_i(t)}{\sum_{j=1}^{n} t_j(t)} \qquad i = 1, 2, \ldots, n \qquad (\text{I. 39})$$

La validité vérifie les conditions de convexité, présentées par la relation (I. 40).

$$\begin{cases} 0 \leq \mu_i(t) \leq 1 \\ \sum_{i=1}^{n} \mu_i(t) = 1 \end{cases} \qquad (\text{I. 40})$$

La distance géométrique $d_i(t)$ peut être aussi considérée comme étant l'écart entre le vecteur de sortie y du système et les n sorties partielles, (I. 41). En effet, plus cette distance est petite, plus la validité μ_i du sous-modèle est élevée et inversement.

$$d_i(t) = \left\| y(t) - y_{(M_i)}(t) \right\| \qquad (\text{I. 41})$$

I.4.4.3. Approche des résidus

Considérée comme la méthode la plus puissante et flexible, l'approche des résidus est la plus utilisée pour le calcul des degrés de contribution des sous-modèles dans la génération de la sortie multimodèle. En effet, contrairement aux autres méthodes de calcul de pertinence, cette approche ne demande aucune connaissance a priori et permet de déterminer les validités en ligne à partir des mesures de la réponse du système et des réponses de différents sous-modèles.

Cette approche est basée sur le calcul d'une certaine erreur, appelée résidu, qui est obtenue en calculant l'écart entre les valeurs estimées de chaque sous-modèle et les valeurs du système réel, [Delmotte, 1997] et [Dubois, 1995]. En effet, le résidu permet de quantifier l'erreur commise par chaque sous-modèle de la base. Cet écart est présenté par l'équation (I. 35).

Le résidu normalisé d_i^{norm} donné par l'équation (I. 42).

Chapitre I

$$d_i^{norm}(t) = \frac{d_i(t)}{\sum_{i=1}^{n} d_i(t)} \qquad (I.42)$$

La validité μ_i du modèle peut être exprimée par l'expression (I. 39) qui vérifie les conditions de convexité présentées par les relations (I. 43) et (I. 44)

$$\mu_i(t) = \frac{1}{n-1} d_i^{norm}(t) \qquad (I.43)$$

$$\begin{cases} 0 \leq \mu_i(t) \leq 1 \\ \sum_{i=1}^{n} \mu_i(t) = 1 \end{cases} \qquad (I.44)$$

I.4.4.4. Approche probabiliste

Basée sur des connaissances statiques, l'approche probabiliste consiste à calculer la probabilité de chaque sous-modèle M_i; ce qui conduit à définir une fonction d'approximation, f_i. L'approximation globale f, exprimée par l'équation (I. 45), est obtenue par une interpolation de différentes approximations locales, f_i, [Delmotte, 1997].

$$f(t) = \sum_{i=1}^{n} f_i(t) P(i) \qquad (I.45)$$

p est la probabilité du sous-modèle M_i, calculée en utilisant la loi de Bayes, (I. 46) :

$$P(i) = \frac{\rho_i \ p(i)}{\sum_{k=1}^{n} \rho_k \ p(k)} \qquad (I.46)$$

p est la fonction de densité de probabilité.
ρ_i est une fonction de pondération vérifiant la condition (I. 47).

$$\begin{cases} 0 \leq \rho_i(t) \leq 1 \quad i = 1, 2, \ldots, n \\ \sum_{i=1}^{n} \rho_i = 1 \end{cases} \qquad (I.47)$$

L'approche probabiliste est rarement utilisée dans le calcul et l'estimation des validités des systèmes multimodèles. En effet, elle est proposée dans le cas où on dispose des observations et des connaissances statistiques.

Chapitre I

I.5. Modèlisation du système d'écriture à la main-Position du problème

Les systèmes biologiques sont des processus complexes et généralement non-linéaires. L'identification et la modélisation de ces systèmes à partir des entrées/sorties expérimentales ont attirés l'attention de plusieurs chercheurs ces dernières années. Ceci nécessite l'exploitation de différents outils et méthodes de caractérisation des processus évoqués dans le présent chapitre.

Le processus d'écriture à la main est considéré comme un système biologique complexe et rapide. Ce processus ne peut pas se résumer à la simple mise en action des muscles de la main puisqu'elle fait intervenir des phénomènes physiques, physiologiques, linguistiques, psychomoteurs, cognitifs et affectifs.

En effet, la correspondance entre les composantes spatiales x et y de la trajectoire de la pointe du stylo et les composantes biomécaniques mises en jeu lors de l'écriture, est caractérisée par les activités électriques de deux muscles de l'avant bras enregistrées lors de ses contractions. Ces activités électriques, appelées signaux ElectroMyoGraphiques (EMG), contiennent les informations utiles reflétant le processus de production du mouvement d'écriture.

Une approche expérimentale de caractérisation de ce système biologique complexe, présentée dans le deuxième chapitre, permet d'enregistrer les coordonnées d'un ensemble de traces graphiques et des signaux EMG, intervenant lors de l'acte d'écriture.

L'utilisation de ces enregistrements expérimentaux et des outils de l'identification, de la modélisation et de l'approche multimodèle sont utilisés durant ce travail afin de proposer un modèle caractérisant un modèle de l'écriture manuscrite général, pouvant reproduire plusieurs types de traces graphiques (lettres arabes et formes géométriques) produites par un seul ou même plusieurs scripteurs.

I.6. Conclusion

Diverses notions relatives à la modélisation et l'identification des processus complexes sont présentées dans ce chapitre. Le principe de la représentation multimodéle, les classes et les méthodes de génération d'une bibliothèque de sous-modèles telles que les méthodes d'identification et de linéarisation autour de certains points de fonctionnement et la transformation polytopique convexe, ont été également rappelées. Les outils de modélisation et d'identification paramétrique seront utilisés dans le deuxième chapitre, dans lequel nous

Chapitre I

envisageons, à partir d'une approche expérimentale et par simulation, de caractériser le processus biologique de l'écriture manuscrite. Les modèles proposés dans le chapitre suivant se basent sur la relation entre les activités musculaires de l'avant bras et le mouvement ou la vitesse de la pointe du stylo dans le plan (x,y).

Chapitre II :
Modélisation et identification
du processus d'écriture à la main

II.1. Introduction

Le présent chapitre est consacré à développer l'anatomie de la main et de l'avant bras ainsi que les commandes neuro-musculaires intervenant lors de la génération d'un manuscrit.

Ensuite, sont présentées différentes approches conventionnelles et non conventionnelles de modélisation du processus d'écriture à la main

Dans ce chapitre est présentée une approche expérimentale menée permettant d'enregistrer les coordonnées d'un ensemble de traces graphiques et des signaux ElectroMyoGraphiques (EMG) de deux muscles de l'avant bras, intervenant lors de l'acte d'écriture.

En exploitant cette base expérimentale, ce chapitre s'intéresse à la modélisation et l'identification du système d'écriture à la main. Dans ce sens, nous proposons un modèle basé sur les coordonnées de la pointe du stylo, définissant quelques traces manuscrites. En utilisant la vitesse de l'écriture, nous proposons également un modèle direct et un autre inverse caractérisant le processus d'écriture à la main étudié. Une phase de validation et de test est enfin proposée. L'estimation paramétrique des modèles proposés est fondée sur l'algorithme d'identification des Moindres Carrés Récursifs (MCR).

II.2. Système d'écriture à la main

La production d'un écrit sensé et lisible fait intervenir une multitude de commandes motrices générées par le système nerveux et envoyées aux muscles afin de définir, d'une façon extrêmement précise, le mouvement de chaque articulation à un moment donné.

La complexité de ce processus entraîne à une modélisation fastidieuse qui fait intervenir des processus physiques, physiologiques, linguistiques, psychomoteur, cognitifs et affectifs, et nécessite de développer l'anatomie de la main et de l'avant bras ainsi que les commandes neuro-musculaires intervenant lors de l'écriture.

II.2.1. Etude biologique du système d'écriture à la main

L'écriture manuscrite est une source d'informations à caractère cognitif ayant la même importance que les informations visuelles et auditives dans les apprentissages linguistiques.

La modélisation de cette activité nécessite l'étude du système nerveux moteur ainsi que l'anatomie de la main et de l'avant bras.

II.2.1.1. Système nerveux moteur

Le contrôle de mouvements volontaires provient du cerveau, plus précisément du cortex moteur qui reçoit plusieurs informations provenant de différents lobes du cerveau, à savoir :

- la situation du corps dans l'espace, estimée par le lobe pariétal,
- le choix d'une stratégie appropriée générée par la partie antérieure du lobe frontal,
- les souvenirs d'anciennes stratégies mémorisés par le lobe temporal,
- etc.

Chaque partie du corps est associée à une région précise du cortex moteur qui contrôle tout type de mouvement. Certaines parties du corps, ayant plus de finesse dans le mouvement, occupent un espace plus important que les autres, figure II.1.

Afin de réaliser un mouvement bien déterminé, les contractions musculaires font appel à des commandes très élaborées démarrant dans le cerveau qui envoie à son tour des signaux jusqu'aux muscles responsables du mouvement à effectuer. Ces signaux stimulent le muscle pour qu'il réalise les commandes envoyées par le cerveau. Les axones des neurones du cortex moteur descendent jusqu'à la moelle épinière, au niveau de laquelle se fait le dernier relais avec les motoneurones, connectées directement aux muscles, [Hermann et al, 1968], [Rouviere et al, 1968].

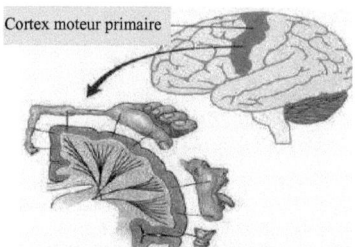

Figure II. 1. Les aires motrices le long de la frontale ascendante

Le Système Nerveux Central (**SNC**) ou névraxe, est formé d'un axe cérébro-spinal comprenant l'encéphale dans le crâne et la moelle épinière dans la colonne vertébrale ainsi que des nerfs reliant l'axe à tous les organes, figure II.2, [Oria et al, 1970]. Dans le cas où l'élément excité est une fibre musculaire, les motoneurones qui sont les cellules nerveuses responsables de l'acheminement des signaux électriques permettent aux muscles de se contracter. En excitant ces motoneurones, la moelle épinière donne des ordres au Système Nerveux Périphérique (**SNP**), [Domart et al, 1981] et [Universalis, 1990].

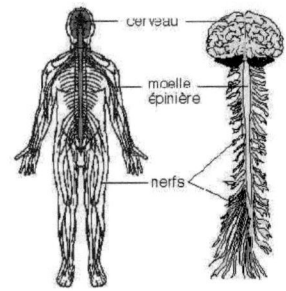

Figure II. 2. Système Nerveux Central

II.2.1.2. Anatomie de la main et de l'avant-bras

La main se compose de vingt-sept os constituant le poignet, la paume, le dos de la main, et les doigts, Figure II.3. Ces os donnent à la main une grande flexibilité et une étonnante capacité de manipulation. Le poignet est formé de huit os à savoir le scaphoïde, le semi-lunaire, le pisiforme, le pyramidal, le trapèze, le trapézoïde, le grand os et l'os crochu, [Oria et al, 1970].

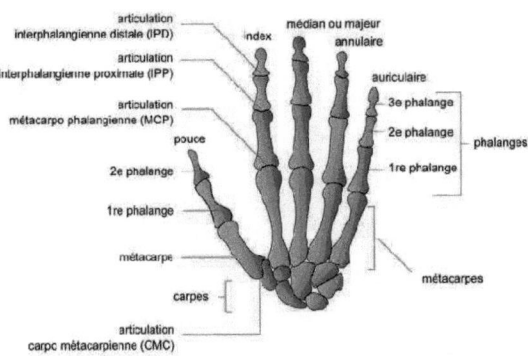

Figure II. 3. Os de la main (vue dorsale)

Les os du carpe sont disposés en deux rangées, la rangée proximale (près du bras) et la rangée distale (près des doigts). Les os de la rangée distale s'articulent avec les cinq métacarpiens qui forment la structure élargie de la main, figure II. 3. Ces derniers s'articulent avec les phalanges proximales (premiers os des doigts) qui se prolongent par les phalanges moyennes

Chapitre II

et les phalanges distales, qui présentent les extrémités des doigts. Le pouce fait l'exception, il est dépourvu de phalange moyenne, [Domart et al, 1981].

Le mouvement de la main est produit grâce à l'association de muscles provenant de l'avant-bras qui s'insèrent sur la main et le poignet, et de quelques muscles intrinsèques de la main. Les mouvements latéraux de la main permettent les ajustements les plus délicats et sont sollicités dans toutes les actions nécessitant un contrôle précis et une régulation fine, telles qu'écrire ou passer un fil dans le chas d'une aiguille.

Les doigts ne comportent pas de muscles. Ils comportent uniquement de forts ligaments provenant de muscles de la main et de l'avant-bras, figure II.4. Les autres doigts comportent chacun deux tendons longs de flexion et d'extension provenant des muscles de l'avant-bras, figures II.5 et II.6, [Faller et al, 1970].

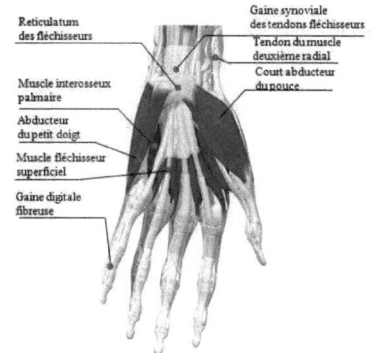

Figure II. 4. Muscles de la main

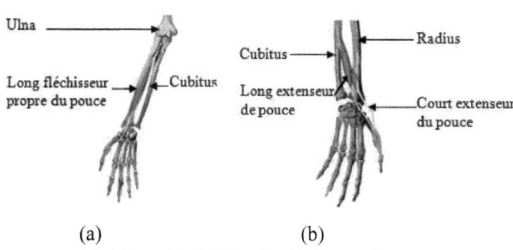

(a)   (b)
Figure II. 5. Muscles de l'avant bras
intervenant dans le contrôle du pouce
(a) Long fléchisseur propre du pouce et (b) Court /Long extenseur du pouce

37

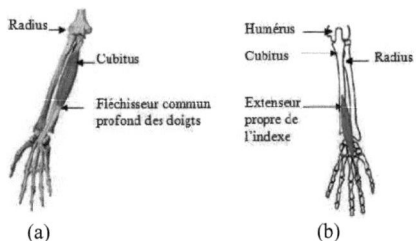

Figure II. 6. Muscle de l'avant bras
intervenant dans le contrôle des doigts
(a) Fléchisseur commun profond des doigts (b) Extenseur propre de l'index

II.2.2. Approches de modélisation du processus d'écriture à la main

Afin de reproduire la trace graphique générée au cours du processus d'écriture à la main, plusieurs modèles ont été élaborés dans la littérature et se sont intéressés à l'étude des trajectoires, de la dynamique de la main, de profil de vitesse, etc.

Cette partie est consacrée à présenter les différentes approches, conventionnelles et non conventionnelles, de modélisation du processus de l'écriture à la main, établies dans la littérature.

II.2.2.1. Approches conventionnelles

En se basant sur plusieurs propriétés de la production de l'écriture manuscrite, des approches conventionnelles ont été élaborées par plusieurs chercheurs, afin de modéliser ce processus biologique complexe. [Van Der Gon et al, 1962], [Mac Donald, 1964], [Dooijes, 1983], [Yasuhara, 1975], [Edelman et al, 1987] et [Sano et al, 2003].

II.2.2.1.1. Modèles de Van Der Gon, Dooijes et Mac Donald

L'étude des articulations responsables de la production de l'écriture manuscrite dans l'espace de la feuille a montré que le système effecteur générateur des mouvements graphiques est composé d'une multitude de degrés de liberté (ddl).

Van Der Gon est le premier à considérer l'écriture comme le résultat des articulations du poignet et des doigts. Pour cela, il a défini deux degrés de liberté:

- un ddl, correspondant à la flexion-extension simultanées de toutes les articulations des doigts c'est-à-dire du mouvement d'aller-retour du stylo vers la paume de la main,
- un autre ddl, correspond à la rotation de la main dans son ensemble autour du poignet.

En 1962, Van Der Gon a élaboré un modèle linéaire du second ordre représentant le système d'écriture à la main. Dans ce modèle électromécanique, l'ensemble main-stylo est considéré comme une masse M. La durée de l'application d'une force est liée à la dimension de la lettre écrite. Le temps d'application de l'effort musculaire dans une direction donnée engendre une différence entre les formes écrites, [Van Der Gon et al, 1962].

Les déplacements dynamiques du stylo selon l'axe des abscisses x et l'axe des ordonnées y sont représentés par l'équation (II. 1).

$$M\,\ddot{d} + K_d\,\dot{d} = f_d(t) \tag{II. 1}$$

avec :

d : le déplacement selon x et y,

$f_d(t)$: la force motrice du muscle agissant dans le sens du déplacement x ou y,

K_d : la constante de frottement entre la pointe de stylo et la surface d'écriture.

Mac Donald a proposé une version électronique équivalente à celle proposée par Van Der Gon. Il a considéré une impulsion de force trapézoïdale et il a négligé les effets de la force de frottement qui apparaît entre la pointe du stylo et la surface d'écriture, [Mac Donald, 1964].

La question qui se pose est alors « *Est ce que les composantes spatiales x et y de la trajectoire 2D de la pointe du stylo correspondent aux mouvements des composantes biomécaniques mises en jeu lors de l'écriture ?* », [Sallagoïty, 2004].

Pour répondre à cette question, plusieurs auteurs, comme Dooijes ont comparé les traces produites par les mouvements de la flexion-extension des doigts et celles d'abduction-adduction du poignet.

Dooijes a prouvé que les mouvements d'écriture sont principalement générés par la coordination de deux ddl biomécaniques du système doigts-poignet, qui peuvent être assimilés aux composantes spatiales de la trajectoire du stylo selon le plan (x, y).
Il a aussi prouvé l'importance de la pression du stylo sur la surface d'écriture pour la modélisation de ce système. Il a également considéré la vitesse horizontale uniforme et il a supposé que les axes principaux du repère sont obliques et non orthogonaux, [Dooijes, 1983].

II.2.2.1.2. Modèle de Yasuhara

Yasuhara a formulé un modèle linéaire du second ordre en tenant compte des effets d'une raideur relative à la viscosité de la main et d'une force de frottement entre la pointe du stylo et la surface d'écriture, Figure II. 7, [Yasuhara, 1975].

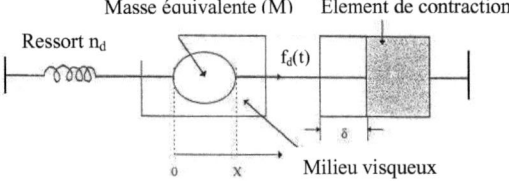

Figure II. 7. Modèle proposé par Yasuhara

L'équation relative à ce modèle est présentée par la relation (II.2).

$$M\ddot{d} + K_d \dot{d} + n_d d = f_d(t) \tag{II. 2}$$

avec :

d : déplacement de la masse dans la direction x ou y,

$f_d(t)$: effort musculaire appliqué à la masse M pour un déplacement d (suivant x ou y),

M : masse équivalente de la main et du stylo,

n_d : constante de raideur du stylo,

K_d : coefficient de viscosité équivalent.

Le coefficient de viscosité n'est plus constant comme dans le cas du modèle de Van Der Gon, il s'exprime par la relation II. 3.

$$K_d = \lambda_d + \mu_d \frac{p(t)}{v} \tag{II. 3}$$

avec :

λ_d : le coefficient de viscosité interne de la main,

μ_d : le coefficient de frottement,

$p(t)$: la pression exercée par le stylo sur la surface de l'écriture,

v : la vitesse d'écriture tel que $v = (\dot{x}^2 + \dot{y}^2)^{1/2}$.

Chapitre II

L'équation (II. 2) présente quatre forces agissant sur la masse M pour les déplacements suivant x et y :

- la force $f_d(t)$, exercée par le muscle sur la masse M,

- la force $f_v(t)$ qui est égale à $-\lambda_d \dot{d}$, représente la force de viscosité interne de la main proportionnelle à la vitesse,

- la force $f_r(t)$ qui est égale à $-\mu_d \dfrac{p(t)}{v} \dot{d}$, représente la force de frottement entre la pointe du stylo et la surface d'écriture,

- la tension du ressort $f_t(t)$, proportionnelle au déplacement, elle est égale à $-n_d d$.

En supposant que la constante de raideur du ressort est négligeable devant le coefficient de viscosité et en divisant l'équation (II.2) par la masse M, on obtient les équations de (II. 4) jusqu'à (II. 8).

$$\ddot{d} = F_d(t) - K_d \dot{d} \qquad \text{(II. 4)}$$

avec :

$$K_d = I_d + \mu_d \dfrac{P(t)}{v} \qquad \text{(II. 5)}$$

$$I_d = \dfrac{\lambda_d}{M} \qquad \text{(II. 6)}$$

$$F_d(t) = \dfrac{f_d(t)}{M} \qquad \text{(II. 7)}$$

$$P(t) = \dfrac{p(t)}{M} \qquad \text{(II. 8)}$$

La dynamique de l'écriture est imposée par les paramètres I_d et μ_d qui permettent de caractériser chaque scripteur et qui dépendent essentiellement de la surface d'écriture et des positions de la pointe du stylo. Le modèle proposé par Yasuhara est un modèle non linéaire. Cette non-linéarité est une fonction de la vitesse d'écriture v.

Le système d'équations (II. 9) est calculé après une estimation de ces paramètres et en supposant que la pression est constante, [Yasuhara, 1975].

$$\begin{cases} \ddot{y} = F_y(t) - (4.7 + 0.5 \dfrac{1.5}{(\dot{x}^2 + \dot{y}^2)}) \dot{y} \\ \ddot{x} = F_x(t) - (4.7 + 0.5 \dfrac{1.5}{(\dot{x}^2 + \dot{y}^2)}) \dot{x} \end{cases} \qquad \text{(II. 9)}$$

II.2.2.1.3. Modèle d'Edelman et Flash

Edelman et Flash ont proposé, un modèle utilisant la minimisation d'une fonction coût qui caractérise les dynamiques de la trajectoire de la pointe du stylo dans le plan cartésien. Un critère quadratique, C, est appliqué, après sa minimisation, à la dérivée troisième de la position de la main, [Edelman et al, 1987].

L'expression de ce critère est la suivante :

$$C = \int_{0}^{t_f} ((\frac{d^3 x(t)}{dt^3}) + (\frac{d^3 y(t)}{dt^3}))dt \qquad (\text{II. 10})$$

$x(t)$ et $y(t)$ sont les coordonnées de la main dans la plan (x, y), qui s'expriment par:

$$\begin{cases} x(t) = \sum_{n=0}^{5} a_n t^n \\ y(t) = \sum_{n=0}^{5} b_n t^n \end{cases} \qquad (\text{II. 11})$$

Les conditions aux limites sont présentées par les équations (II. 12).

$$\begin{cases} \dot{x}(0) = \dot{y}(0) = 0 \\ \ddot{x}(0) = \ddot{y}(0) = 0 \\ \dot{x}(t_f) = \dot{y}(t_f) = 0 \\ \ddot{x}(t_f) = \ddot{y}(t_f) = 0 \end{cases} \qquad (\text{II. 12})$$

En résumé, Edelman et Flash ont considéré que la trajectoire de la trace graphique est construite à partir de petits segments. Ils ont intégré des points intermédiaires par lesquels doit passer la trajectoire.

II.2.2.1.4. Modèle de Murata-Kosaku-Sano

Le modèle de Murata-Kosaku-Sano, assimile le processus d'écriture à la main à un système dynamique à deux entrées et deux sorties. En effet, après l'enregistrement des signaux électromyographiques des deux muscles intervenant lors de l'écriture, une interpolation est utilisée pour calculer les deux signaux électromyographiques intégrés qui représentent les entrées du modèle, [Sano et al, 2003].

Les sorties du système proposé sont les vitesses de la pointe du stylo dans les directions x et y. Les équations caractérisant le modèle linéaire proposé par Murata-Kosaku-Sano sont présentées par le système d'équations (II. 13).

$$\begin{cases} \dfrac{dx}{dt}(t) = \sum_{m=1}^{3} a_x(m) E_1(k-m-N_1) + \sum_{m=1}^{3} b_x(m) E_2(k-m-N_2) \\ \dfrac{dy}{dt}(t) = \sum_{m=1}^{3} a_y(m) E_1(k-m-N_1) + \sum_{m=1}^{3} b_y(m) E_2(k-m-N_2) \end{cases} \quad \text{(II. 13)}$$

avec :

t	: temps continu,
a_x, a_y, b_x, b_y	: paramètres du modèle,
k	: temps discret,
m	: temps de retard discret,
N_1, N_2	: temps morts discrets,
E_1, E_2	: entrées du modèle.

Les figures II. 8 jusqu'à II. 11, illustrent les résultats de simulation relatifs au modèle proposé. La figure II. 8 montre que la réponse, obtenue pour l'entrée qui a servi à l'identification, est comparable aux enregistrements expérimentaux. Notons que le trait fin plein représente les données relatives aux sorties qui ont servi à l'identification du modèle et le trait gras pointillé représente la réponse du modèle.

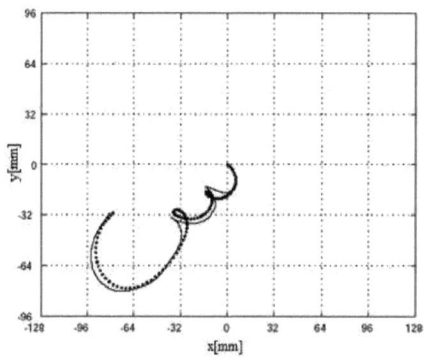

Figure II. 8. Comparaison entre la réponse du modèle proposé et l'écriture expérimentale de la lettre « SIN », [Sano et al, 2003]

Chapitre II

La figure II. 9 illustre le comportement du modèle en intégrant les paramètres relatifs à un modèle (1), caractérisant la lettre « SIN » avec les données relatives à un modèle (2) représentant un autre exemple la même lettre, écrit par le même scripteur (1). Le résultat obtenu rappelle la forme de la lettre définie par les données relatives aux sorties expérimentales mais reste toutefois peu satisfaisant.

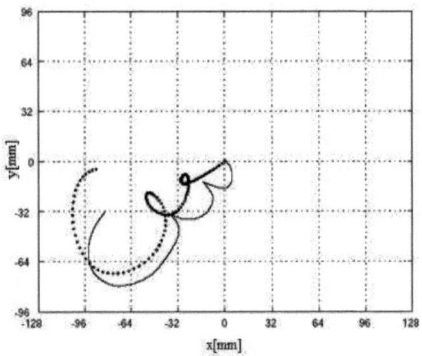

Figure II. 9. Réponse du modèle identifié pour la lettre « SIN » de l'exemple 1
avec l'intégration des données relatives à l'exemple 2 de cette lettre, [Sano et al, 2003]

Dans le cas où les données d'une lettre « AYN », produite par la même personne, scripteur (1), sont injectées au modèle (1), les réponses du système ne sont plus en correspondance avec les sorties relatives aux données expérimentales, Figure II. 10.

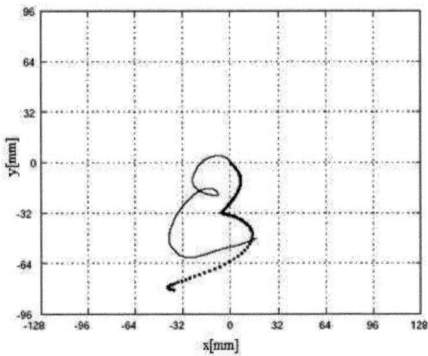

Figure II. 10. Réponse du modèle identifié pour la lettre « SIN » de l'exemple 1
avec l'intégration des données relatives à la lettre « AYN », [Sano et al, 2003]

En appliquant les entrées relatives aux données expérimentales de la lettre « SIN » d'un deuxième scripteur aux paramètres du modèle précédent (exemple1), identifié pour les

44

données de la lettre « SIN ». Les résultats trouvés ne correspondent pas aux enregistrements expérimentaux, Figure II. 11.

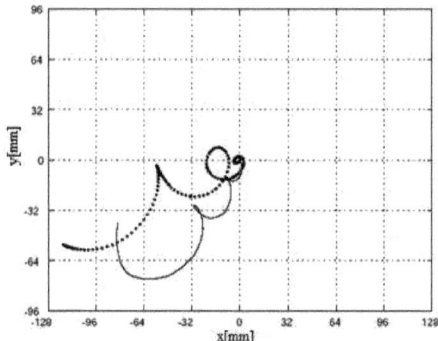

Figure II. 11. Réponse du modèle identifié pour la lettre « SIN » de l'exemple 1 avec l'intégration des données relatives à la lettre « SIN » d'un scripteur 2, [Sano et al, 2003]

II.2.2.2. Approches non-conventionnelles

L'élaboration d'une approche non conventionnelle, basée sur les concepts des réseaux de neurones artificiels et la logique floue, a fait l'objet de plusieurs recherches pour la caractérisation du processus de l'écriture manuscrite, [Abdelkrim et al, 2000], [Benrejeb et al, 2000], [Abdelkrim et al, 2001], [Benrejeb et al, 2001], [El Abed-Abdelkrim et al, 2001], [Benrejeb et al, 2002a] et [Benrejeb et al, 2003].

Le modèle neuronal direct, élaboré dans [Abdelkrim et al, 2000], présente un réseau bouclé avec une couche cachée de cinquante neurones, une fonction d'activation tangente hyperbolique et une couche de sortie de neurones linéaires.

Les entrées de ce modèle sont les positions x et y retardées aux instants: k, $(k-1)$, $(k-2)$, $(k-3)$ et $(k-4)$ et les signaux EMG des deux muscles responsables de l'écriture retardés aux instants k, $(k-1)$, $(k-2)$, $(k-3)$ et $(k-4)$. Les sorties du modèles sont les positions x et y à l'instant $(k+1)$.

La figure II. 12 montre la réponse du modèle neuronal du processus étudié à l'écriture des données apprises de la lettre arabe « HA ». La réponse du modèle neuronal à un exemple de la même lettre « HA » non considérée lors de l'apprentissage est illustrée par la figure II. 13.

Chapitre II

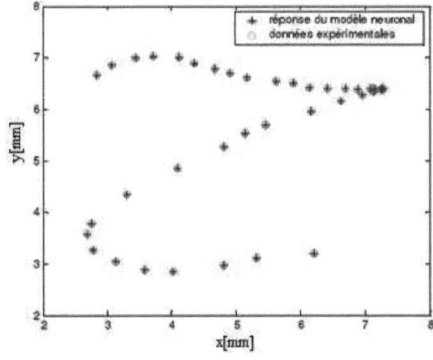

Figure II. 12. Réponse du modèle neuronal à l'écriture des données apprises de la lettre « HA », [Abdelkrim, 2005]

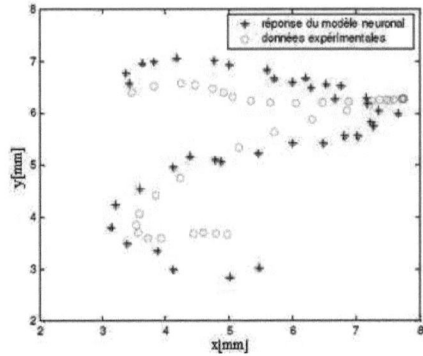

Figure II. 13. Réponse du modèle neuronal à l'écriture des données non apprises de la lettre « HA », [Abdelkrim, 2005]

II.2.2.3. Approches basées sur le profil de vitesse

Plusieurs études ont assimilé le profil de vitesse des mouvements rapides à une forme en cloche, [Plamondon, 1991], [Plamondon, 1987] et [Plamondon et al, 1993]. Ces formes sont superposables, c'est-à-dire qu'elles sont presque préservées pour des mouvements qui varient dans la durée, la distance ou le pic de vitesse. La vitesse de l'écriture manuscrite est également caractérisée par une superposition de forme en cloche. L'invariance de cette forme de vitesse et son important rôle implique que la vitesse joue un rôle important dans la planification du mouvement par le système nerveux central. Ceci a conduit plusieurs chercheurs à étudier et à déterminer les caractéristiques de cette forme en cloche.

En 1986, Plamondon a proposé un modèle du processus d'écriture à la main, en décrivant la génération de l'écriture en termes de géométrie différentielle. Il a également défini un système de paramétrisation intrinsèque, caractérisant le déplacement de la pointe du stylo indépendamment du choix du système de coordonnées, [Plamondon, 1987].

La vitesse curviligne, ayant un profil en cloche asymétrique, est observée lors de la production de l'écriture manuscrite. Le profil de cette vitesse est calculé par une fonction gaussienne, [Plamondon, 1991], [Plamondon et al, 1993].

Le système neuromusculaire, permettant de produire un mouvement rapide, est formé par plusieurs composantes caractérisées par une hiérarchie parallèle. En effet, un ensemble de muscles, appelé synergie musculaire, agit en groupe et de façon coordonnée afin de générer un mouvement qui peut être décomposé en deux systèmes parallèles, [Alimi, 1995]. Les deux systèmes représentent les muscles et les neurones intervenant dans la production des activités neuromusculaires agonistes et antagonistes générées suite à un mouvement particulier.

Les muscles agonistes sont responsables de la génération d'une action donnée et les muscles antagonistes sont responsables de l'effet opposé.

La réponse impulsionnelle du système converge vers une fonction lognormale. Le profil de vitesse, représentant la synergie musculaire, est décrit par une loi delta-, [Plamondon, 1995a] et [Plamondon, 1995b].

En se basant sur des profils de vitesse en bêta, un modèle générant l'écriture manuscrite a été proposé dans [Bezine et al, 2003] et [Bezine et al, 2004]. Alimi a également utilisé la fonction bêta et le profil de la vitesse pour la production des traces graphiques, [Alimi et al, 1993], [Alimi, 1995] et [Alimi, 1998].

II.2.3. Relation entre signaux électromyographiques et mouvement de la main

Le muscle est un ensemble de fibres responsables de la contraction musculaires. Ces fibres musculaires, appelées également « unité motrice », reçoivent un influx nerveux qui va être transformé en une énergie sous forme de contraction par réaction chimique au niveau des myofibrilles.

L'unité motrice se contracte puis se relâche lorsqu'elle est excitée. Pour la garder contractée, il faut la stimuler de nouveau, avant la fin du relâchement. Dans ce cas, l'influx nerveux se traduit par des impulsions électriques, à basse fréquence. Cette fréquence augmente au fur et à mesure que l'effort demandé devient plus intense.

Chapitre II

Au niveau de chaque membrane cellulaire, chaque cellule vivante du corps humain possède des charges électriques, matérialisées par le sodium (Na+) et le potassium (K+) [Domart et, 1981].

Grâce à l'électromyographie, il est possible de mettre en évidence les différences de charges entre l'extérieur et l'intérieur de la membrane cellulaire. Ceci est lié à la différence de concentration des ions sodium et potassium au niveau de la membrane de la cellule.

Ce phénomène entraîne une différence de potentiel que l'on constate aux bornes de cette membrane cellulaire.

L'électromyographie est l'enregistrement des courants électriques. Elle permet d'étudier le système nerveux périphérique, les muscles et les contacts entre le neurone et le muscle, appelé la jonction neuromusculaire. Il s'agit d'un enregistrement des courants électriques qui accompagnent l'activité musculaire [Rouviere et al, 1968].

Le signal ElectroMyoGraphique (EMG) est une addition des trains de potentiels d'action d'unités motrices qui sont détectés par un système d'électrodes à proximité des fibres. Quand les électrodes sont placées sur la surface de la peau, le signal détecté est désigné sous le nom d'électromyogramme de surface (SEMG).

L'EMG étant une somme spatio-temporelle des potentiels d'actions des différentes unités motrices, son spectre dépendra du fonctionnement de ces dernières.

Les potentiels d'action se propagent le long de la membrane de la fibre musculaire et rayonnent dans les tissus conjonctifs du muscle, de la graisse, et de la peau. Ils sont commodément détectés sur la surface de la peau.

L'électromyographie (EMG) consiste à capter les potentiels électriques émis par l'activité musculaire, à les amplifier et à les rendre audibles. On distingue deux types, [Coulon, 1984] et [Konté, 2010].

- L'EMG analytique, enregistre les potentiels musculaires en vue de les analyser individuellement. Cette technique s'effectue à l'aide d'une aiguille-électrode insérée dans le muscle.
- L'EMG globale enregistre l'ensemble de l'activité électrique du muscle au moyen d'électrodes externes fixées sur la peau.

Le problème majeur lié à l'enregistrement de l'activité de muscles est le fait que le signal EMG présente des bruits environnants provenant de diverses sources :

- Les phénomènes électromagnétiques du secteur,

- L'ensemble de bruits parasites liés aux électrodes et à l'instrumentation, la plupart pouvant être modélisée par un bruit blanc, dont le niveau peut être très supérieur au niveau du signal.

II.3. Approche expérimentale et acquisition des données pour l'étude du processus d'écriture à la main

Le processus d'écriture à la main est un processus biologique complexe qui fait intervenir un certain nombre de paramètres dans la production de l'écriture, à savoir : le système nerveux moteur, les muscles, etc.

Les mouvements réalisés dans l'acte d'écriture peuvent être décrits comme des déplacements dans l'espace bidimensionnel du plan d'écriture. Plusieurs recherches ont prouvé que la composante naturelle de la trace graphique correspond aux déplacements spatiaux du stylo lors de la formation de la trajectoire. Les signaux électromyographiques contiennent des informations utiles reflétant le processus de production du mouvement d'écriture. En effet, les muscles responsables de l'activité musculaire dans un plan pour un mouvement horizontal sont [Rouviere et al, 1968] :
- le muscle Extensor Capri Ulnaris (ECU),
- le muscle Abductor Pollicis Longus (APL).

Les principaux muscles intervenant lors de la génération de mouvements verticaux dans le même plan sont :
- le muscle Flexor Digitorum Superficialis (FDS),
- le muscle Extensor Digitorum Communs (EDC).

En résumé, les déplacements verticaux de la pointe du stylo sont générés par les mouvements de flexion extension des doigts alors que les déplacements horizontaux sont générés par les mouvements d'abduction-adduction du poignet. Les composantes spatiales de la pointe de stylo correspondent aux mouvements des composantes biomécaniques mises en jeu lors de l'écriture, [Yasuhara, 1975].

Les muscles de l'avant bras, intervenant dans l'acte de l'écriture à la main, sont situés directement sous la peau, ce qui permet l'utilisation des électrodes de surface pour enregistrer les signaux EMG. Afin de caractériser ce processus biologique, Sano a proposé dans [Sano et al, 2003] une approche expérimentale permettant d'enregistrer en même temps les coordonnées de quelques traces graphiques dans le plan (x,y) et des signaux électromyographiques de l'avant bras, intervenant lors de la production de l'écriture. Ces signaux sont obtenus à partir des électrodes de surface, servant à calculer les activités musculaire deux muscles de l'avant bras, à savoir l'« abductor pollicis longus » et l'« extensor capri ulnaris ».

La figure II.14 présente le montage expérimental et matériel utilisé pour la réalisation de cette approche. Cette approche nécessite un ordinateur permettant d'enregistrer les positions x et y et la pression de la pointe de stylo sur le plan d'écriture. Ces enregistrements sont obtenus en utilisant une table numérique de la marque « WACOM, KT-0405-RN » comme plan d'écriture, un enregistreur de données, du type « TEAC, AR- C2EMG1 ». La production des traces graphiques est réalisée par plusieurs scripteurs, hommes et femmes, âgés entre 22 et 23 ans. Ces scripteurs, confortablement assis utilisent un crayon optique pour mémoriser dans l'ordinateur les coordonnées des points de la trajectoire d'écriture à une fréquence fixe et les signaux EMG mesurés par des électrodes de surface qui déposées sur l'avant bras du scripteur. La marque des électrodes qui ont servis à cette expérience est « MEDICOTEST, Blue Sensor N-00-S », [Sano et al, 2003].

Figure II. 14. Montage expérimental

La figure II. 15 indique le positionnement des électrodes sur le bras du scripteur, les électrodes, indiquées par « ch 1 » sont relatives au premier muscle et celles relatives au deuxième muscle sont indiquées par « ch 2 ».

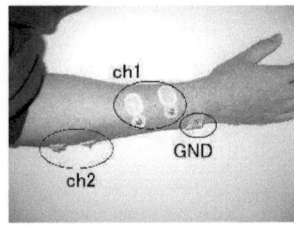

Figure II. 15. Positions des électrodes sur le bras du scripteur

L'étude expérimentale, présentée, est réalisée à l'Université de Hiroshima City. Ces scripteurs ont écrit plusieurs lettres arabes, et dessiné huit formes géométriques de base, tableau II. 1. Le type de ces traces graphique est judicieusement choisi. En effet, partant de l'analyse de Thomassen qui a confirmé que lorsqu'une personne devrait produire des traits ou des formes dans d'autres directions non-préférées, la performance sera moins précise, plus instable et se manifeste notamment par la présence de tremblement, [Thomassen et al, 1993]. Le scripteur étant droitier ou gaucher, peut faire des erreurs systématiques en direction de l'orientation préférentielle la plus proche, ce qui influe sur la production de la forme graphique.

Les participants dans l'approche expérimentale menée, sont habitués à produire des systèmes d'écriture japonais, ayant un sens de progression de gauche vers la droite, différents des systèmes arabes. Dans cette expérience, ces participants ont écrits des lettres arabes, ce qui influe, forcément sur la vitesse et la direction préférentielle des scripteurs. Dans ce cas la production de formes géométriques est plus rapide.

Meunlenbroek a également montré que la génération des traits verticaux et plus rapide que les traits horizontaux ainsi que les mouvements du haut vers le bas est plus rapide et précis que le mouvement du bas vers le haut, [Meunlenbroek et al, 1991].

Tableau II. 1. Formes géométriques élémentaires choisies pour l'expérimentation

Numéro	Nom de la forme	Représentation de la forme	Numéro	Nom de la forme	Représentation de la forme
1	Ligne horizontale (1) (gauche/droite/gauche)		5	Cercle (1) (vers la droite)	
2	Ligne horizontale (2) (droite/ gauche / droite)		6	Cercle (2) (vers la gauche)	
3	Ligne verticale (1) (gauche/droite/gauche)		7	Triangle (1) (vers la droite)	
4	Ligne verticale (2) (droite/ gauche / droite)		8	Triangle (2) (vers la gauche)	

Les signaux EMG présentent des phénomènes transitoires ou de segments bruités et d'autres signaux perturbateurs d'origines électroniques ou physiques provenant des diverses sources comme les phénomènes électromagnétiques du secteur et les bruits parasites liés aux électrodes et aux incertitudes des mesures [Coulon, 1984]. Ceci nécessite l'introduction des approches de traitement de signaux biomédicaux pour obtenir un signal facile à étudier qui est le signal ElectroMyoGraphique Intégré (IEMG).

Chapitre II

Dans la figure II. 16 sont consignées des exemples des signaux EMG et IEMG enregistrés pour les deux muscles choisis, ainsi que les mesures de déplacements de la pointe du stylo (déplacements suivant x et y) pour différentes lettres et formes choisies, [Sano et al, 2003].

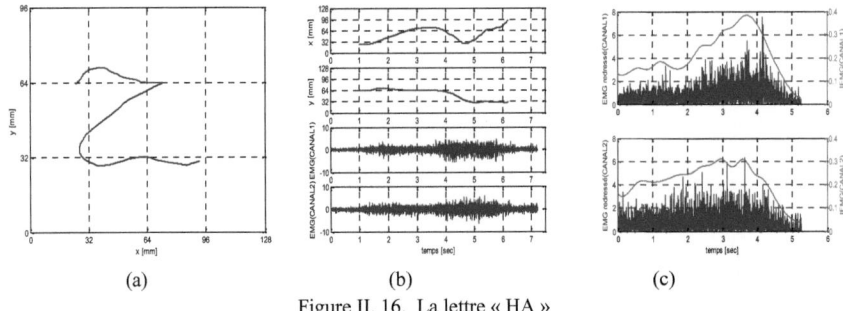

(a)   (b)   (c)

Figure II. 16. La lettre « HA »
(a) Forme, (b) Déplacements selon x et y, signaux EMG et (c) Signaux IEMG

II.4. Identification du modèle proposé basée sur les coordonnées de la pointe du stylo

L'identification consiste en la détermination, à partir de mesures sur les couples entrées/sorties, des paramètres d'un modèle mathématique, de telle sorte qu'il arrive à reproduire partiellement ou totalement le comportement du système réel dans le domaine de fonctionnement pour lequel il a été établi.

Dans notre cas, les seules informations disponibles sur le processus d'écriture à la main, sont les mesures expérimentales, collectées à partir de l'approche présentée dans la partie (II. 3). L'identification expérimentale qui est basée sur l'analyse expérimentale ou sur un ensemble de mesures relevées sur le système au cours de son fonctionnement, est la meilleure méthode utilisée pour l'élaboration d'un modèle mathématique traduisant le comportement du processus étudié.

II.4.1. Estimation de l'ordre du modèle proposée

L'identification des processus nécessite un choix pertinent de la structure mathématique. Afin de caractériser le processus d'écriture à la main en générant le déplacement de la pointe du stylo, x et y selon l'axe des abscisses et l'axe des ordonnées, les entrées du modèle proposé sont les signaux $IEMG_1$ et $IEMG_2$ et les sorties, x et y, à des instants retardés.

Chapitre II

L'élaboration d'une structure définissant le comportement dynamique du processus étudié, nécessite la détermination de son ordre. Cet ordre est fixé à partir de la minimisation d'un critère quadratique, qui est la somme au carré de l'écart entre la sortie du modèle réel et celle prédite. Soit le critère J le minimum de deux critères, le premier, J_x défini pour la sortie x et le deuxième, J_y défini pour la sortie y, équation (II. 14).

avec :
$$J = \min(J_x, J_y) \qquad \text{(II. 14)}$$

$$J_x = \sum_{k=1}^{n} (x(k) - x_e(k))^2$$

$$J_y = \sum_{k=1}^{n} (y(k) - y_e(k))^2$$

Bien que la convergence du système soit apparue à partir du troisième ordre, des résultats significatifs sont trouvés pour une structure linéaire, du quatrième ordre. Les entrées de ce modèle sont les signaux IEMG aux instants k, $(k-1)$, $(k-2)$, $(k-3)$, $(k-4)$ et les positions x et y retardées jusqu'à l'instant $(k-4)$. Les signaux de sorties de ce modèle sont les positions x et y à l'instant k, système d'équations (II. 15).
La structure proposée est présentée par la figure II. 17, dans laquelle les signaux ElectroMyoGraphiques Intégrés, IEMG$_1$ et IEMG$_2$, sont notés, e_1 et e_2.

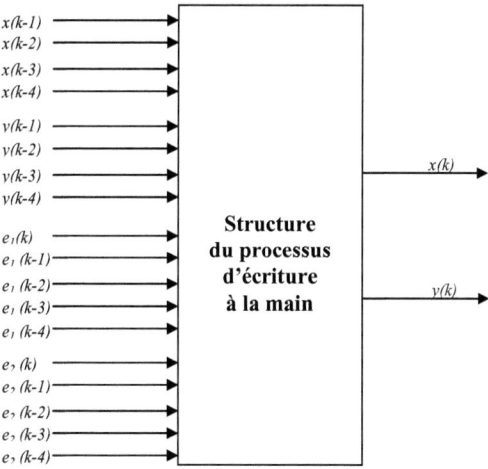

Figure II. 17. Structure du modèle proposé du processus d'écriture à la main basée sur les coordonnées de la pointe du stylo

$$\begin{cases} x_e(k) = \sum_{i=1}^{4} \hat{a}_{ix}\, y_e(k-i) + \sum_{i=1}^{4} \hat{b}_{ix}\, x_e(k-i) + \sum_{i=1}^{5} \hat{c}_{ix}\, e_1(k-i+1) + \sum_{i=1}^{5} \hat{d}_{ix}\, e_2(k-i+1) \\ y_e(k) = \sum_{i=1}^{4} \hat{a}_{iy}\, x_e(k-i) + \sum_{i=1}^{4} \hat{b}_{iy}\, y_e(k-i) + \sum_{i=1}^{5} \hat{c}_{iy}\, e_1(k-i+1) + \sum_{i=1}^{5} \hat{d}_{iy}\, e_2(k-i+1) \end{cases} \quad \text{(II. 15)}$$

avec :

x_e et y_e : la position estimée relative à x et y, respectivement,

$\hat{a}_{ix}, \hat{b}_{ix}, \hat{c}_{ix}, \hat{d}_{ix}$: les paramètres relatifs au modèle caractérisant la position x_e,

$\hat{a}_{iy}, \hat{b}_{iy}, \hat{c}_{iy}, \hat{d}_{iy}$: les paramètres relatifs au modèle caractérisant la position y_e,

k : le temps discret.

L'ordre du modèle est fixé après une multitude de tests. Les figures II. 18 et II. 19 présentent les réponses de différents ordres du modèle. Des résultats inacceptables sont apparus pour un modèle de deuxième ordre.

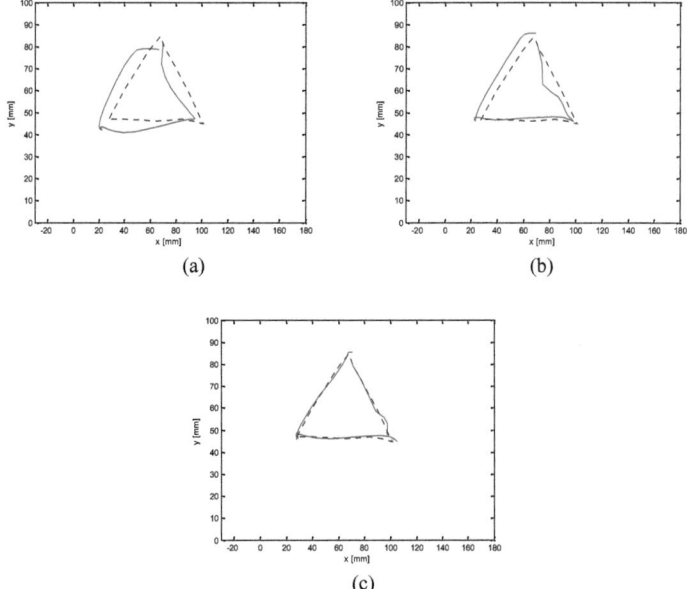

(a)   (b)

(c)

Figure II. 18. Réponses estimées de la forme triangle pour un modèle
(a) de deuxième ordre, (b) de troisième ordre et (c) du quatrième ordre

Chapitre II

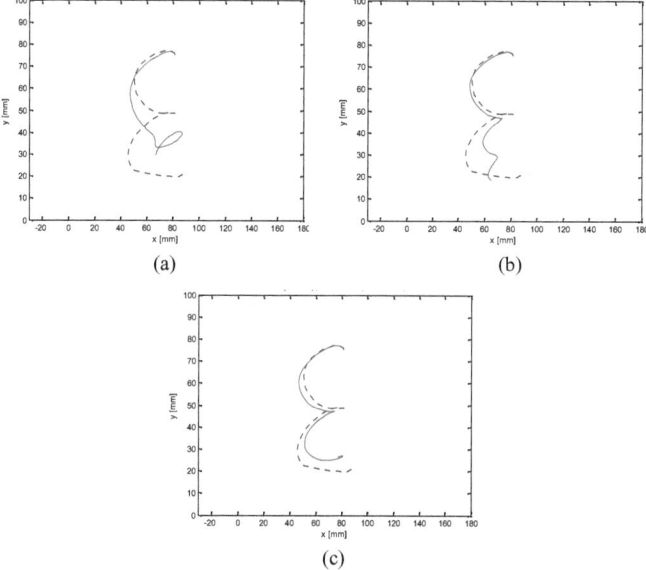

(c)

Figure II. 19. Réponses estimées de la lettre « AYN » pour un modèle
(a) de deuxième ordre, (b) de troisième ordre et (c) du quatrième ordre

Les simulations présentées par la figure II. 18 (b), montrent que la réponse du modèle de troisième ordre est acceptable, contrairement à la figure II. 19 (b) qui présente une différence importante entre les données expérimentales et les résultats générés par le modèle, [Chihi et al, 2011].

II.4.2. Estimation des paramètres du modèle proposé

L'estimateur des moindres carrés récursifs permet de déterminer les paramètres à estimer d'une manière récursive. En effet, la simple mise en œuvre pratique, le temps de calcul relativement faible, ainsi que la capacité réduite de stockage et de traitement des données, nous amène à proposer cet estimateur pour la caractérisation du processus étudié. Les entrées du modèle proposé sont les entrées et les sorties à des instants passés du système étudié, les sorties sont déterminées à des instants futurs, [Landau, 1993].

Le modèle proposé est caractérisé par deux vecteurs paramètres $_x$ et $_y$ relatifs aux entrées estimées x_e et y_e, respectivement, ainsi que des matrices d'observation $_x$ et $_y$, (relatives à x_e et y_e, respectivement), équations (II. 16) jusqu'à (II. 21).

$$x_e = \psi_x^T \hat{\theta}_x + \varepsilon_x \qquad (II.\ 16)$$

55

Chapitre II

avec:
$$y_e = \psi_y^T \hat{\theta}_y + \varepsilon_y \qquad \text{(II. 17)}$$

x et y sont les erreurs entre la réponse réelle et celle générée par le modèle proposé.

$$\hat{\theta}_x = \left[\hat{a}_{1x}, \hat{a}_{2x}, \hat{a}_{3x}, \hat{a}_{4x}, \hat{b}_{1x}, \hat{b}_{2x}, \hat{b}_{3x}, \hat{b}_{4x}, \hat{c}_{1x}, \hat{c}_{2x}, \hat{c}_{3x}, \hat{c}_{4x}, \hat{c}_{5x}, \hat{d}_{1x}, \hat{d}_{2x}, \hat{d}_{3x}, \hat{d}_{4x}, \hat{d}_{5x}\right]$$

$$\hat{\theta}_y = \left[\hat{a}_{1y}, \hat{a}_{2y}, \hat{a}_{3y}, \hat{a}_{4y}, \hat{b}_{1y}, \hat{b}_{2y}, \hat{b}_{3y}, \hat{b}_{4y}, \hat{c}_{1y}, \hat{c}_{2y}, \hat{c}_{3y}, \hat{c}_{4y}, \hat{c}_{5y}, \hat{d}_{1y}, \hat{d}_{2y}, \hat{d}_{3y}, \hat{d}_{4y}, \hat{d}_{5y}\right]$$

$$\hat{\psi}_x^T(k) = \begin{bmatrix} -y_e(k-1) & -y_e(k-2) & -y_e(k-3) & -y_e(k-4) & 0 \\ -x_e(k-1) & -x_e(k-2) & -x_e(k-3) & -x_e(k-4) & 0 \\ e_2(k) & e_2(k-1) & e_2(k-2) & e_2(k-3) & e_2(k-4) \\ e_1(k) & e_1(k-1) & e_1(k-2) & e_1(k-3) & e_1(k-4) \end{bmatrix} \qquad \text{(II. 18)}$$

$$\hat{\psi}_y^T(k) = \begin{bmatrix} -x_e(k-1) & -x_e(k-2) & -x_e(k-3) & -x_e(k-4) & 0 \\ -y_e(k-1) & -y_e(k-2) & -y_e(k-3) & -y_e(k-4) & 0 \\ e_2(k) & e_2(k-1) & e_2(k-2) & e_2(k-3) & e_2(k-4) \\ e_1(k) & e_1(k-1) & e_1(k-2) & e_1(k-3) & e_1(k-4) \end{bmatrix} \qquad \text{(II. 19)}$$

L'algorithme MCR, avec un facteur d'oubli fixé à une valeur égale à 0.95, est appliqué au système d'équations (II. 15) traduisant le comportement du processus d'écriture à la main. Nous obtenons différentes réponses de la structure proposée pour différents scripteurs et différentes formes et lettres, figure II. 20.

Les données relatives aux sorties qui ont déjà servi à l'identification sont représentées par un trait pointillé, et la réponse du modèle est représentée par un trait rouge plein.

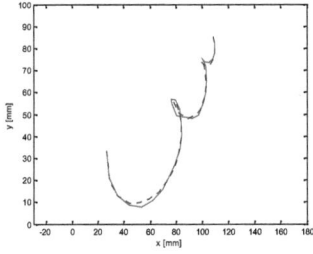
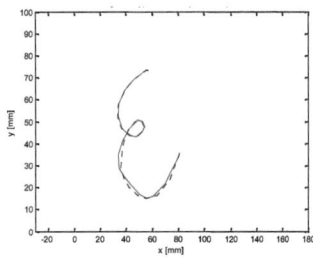

Chapitre II

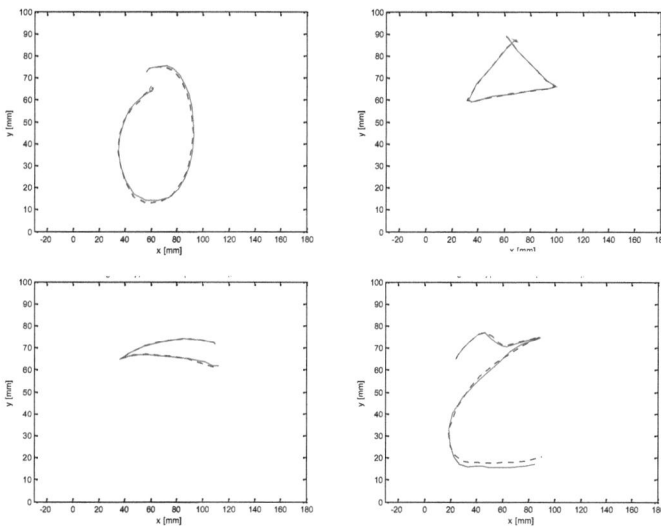

Figure II. 20. Comparaison des réponses du modèle proposé
avec les données expérimentales

Les courbes présentées dans la figure II. 20, montrent une concordance satisfaisante entre les réponses du modèle proposé et les données expérimentales.

Les modèles caractérisant les traces graphiques produites par la même personne ne présentent pas une différence importante entre les paramètres.

La figure II.21 montre l'évolution de quelques paramètres du modèle proposé, ($\hat{a}_{ix}, \hat{b}_{ix}, \hat{c}_{ix}, \hat{d}_{ix}$) et ($\hat{a}_{iy}, \hat{b}_{iy}, \hat{c}_{iy}, \hat{d}_{iy}$) et leur convergence vers une valeur constante. Pour chaque paramètre, la dernière valeur calculée par l'algorithme d'identification est considérée dans l'élaboration des modèles.

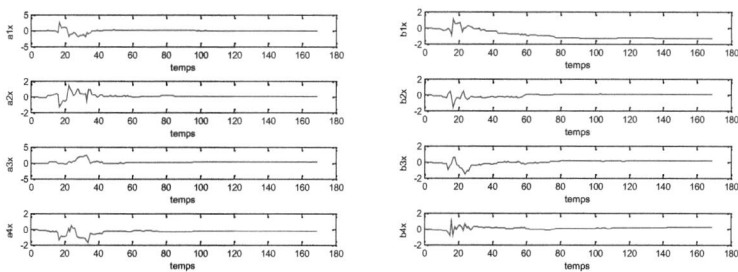

Chapitre II

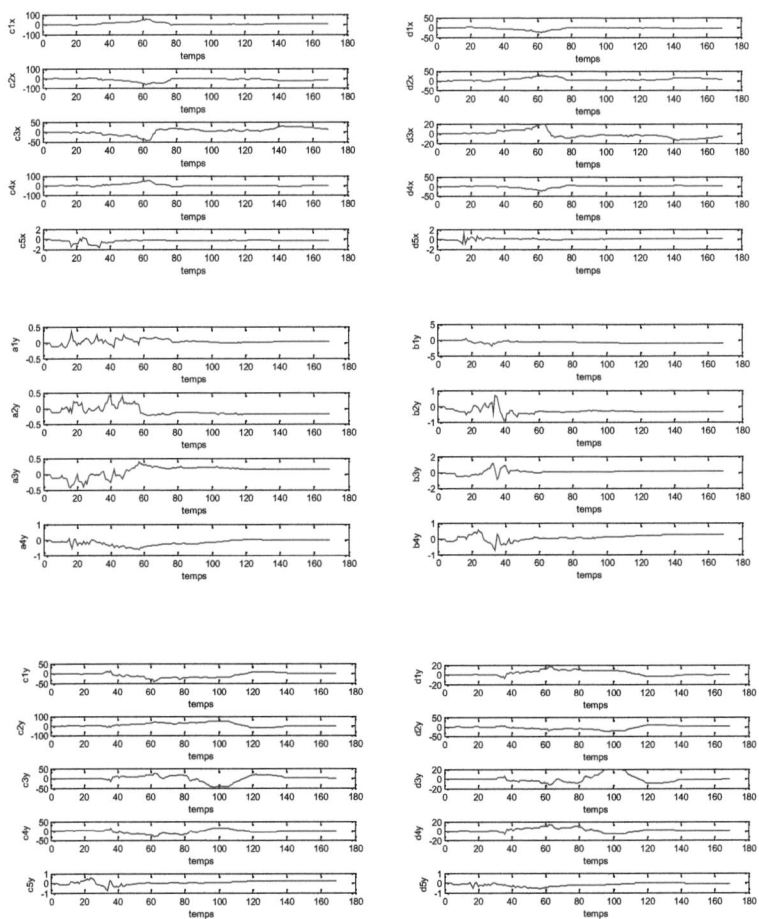

Figure II. 21. Evolution des paramètres
($\hat{a}_{ix}, \hat{b}_{ix}, \hat{c}_{ix}, \hat{d}_{ix}$) et ($\hat{a}_{iy}, \hat{b}_{iy}, \hat{c}_{iy}, \hat{d}_{iy}$) relatifs à la forme triangle

Le modèle élaboré est un modèle linéaire du quatrième ordre, à deux entrées et deux sorties. Il génère les traces graphiques à partir des signaux IEMG$_1$ et IEMG$_2$ ainsi que les positions x et y à des instants retardés.

Les allures des paramètres de ce modèle montrent que ces derniers convergent vers des valeurs constantes, ce qui nous amène à proposer des paramètres non variables dans le temps.

II.4.3. Validation et discussion

L'identification des processus est achevée par une étape de validation de la structure mathématique proposée. Cette structure n'est valable, en toute rigueur que pour l'expérience à partir de laquelle le modèle a été élaboré. Une vérification du modèle mathématique proposé est nécessaire afin de confirmer la compatibilité de ce dernier avec l'utilisation que l'on en fera.

Cette étape, consiste à proposer des tests qui aident à retenir ou à rejeter la structure élaborée. Lors d'un échec de la validation du modèle proposé, le choix de ce dernier doit être mis en question.

Dans ce sens, une étape de validation est nécessaire pour achever l'identification du processus d'écriture à la main. Cette étape consiste à :

- Vérifier la structure mathématique proposée dans le cas monoscripteur :
  C'est-à-dire tester un modèle (1), élaborée pour un scripteur (1) avec des informations sur les entrées/sorties d'un autre exemple de la trace graphique caractérisée par le modèle (1) et écrite par le même scripteur (1).
- Vérifier la structure dans le cas multiscripteur :
  Dans ce cas, nous injectons à un modèle élaboré par un scripteur (1) les données relatives à un scripteur (2) ayant écrit le même type de la forme modélisée.

Des tests permettant de retenir ou de rejeter cette structure proposée pour la caractérisation de ce processus biologique sont présentés dans ce qui suit.

Le tableau II. 2 présente une différence entre les paramètres relatifs aux modèles représentant différents exemples de la lettre « HA », générés par deux scripteurs.

Une seule personne est caractérisée par une orientation préférentielle bien déterminée, surtout en gardant les mêmes conditions expérimentales (personne confortablement assise, même stylo, même plan d'écriture, etc.). Cependant, nous remarquons que les exemples (2) et (3) relatifs à la lettres « HA» et générés par le scripteur (2) ne sont pas identiques.

Une concordance peu importante est observée entre les paramètres de l'exemple (1), généré par le scripteur (1), et les deux autres écrits par le scripteur (2). Ces deux candidats ont deux orientations préférentielles différentes, les exemples (2) et (3), sont inclinés vers la droite, contrairement au premier exemple qui admet une orientation verticale. Ce qui explique la

Chapitre II

correspondance peu importante entre les paramètres de deux exemples traduisant les lettres générées par deux candidats différents.

Tableau II. 2. Paramètres relatifs à différents modèles de la lettre « HA » obtenus par identification pour deux scripteurs

Lettre	Paramètres relatifs à la position x			Paramètres relatifs à la position y		
	HA					
Exemples	Scripteur1	Scripteur2		Scripteur1	Scripteur2	
	exemple1	exemple2	exemple3	exemple1	exemple2	exemple3
Formes						
a_{1vx}	-1.0693	-0.0535	-0.1354	0.0668	-0.1118	-0.0767
a_{2xv}	0.2679	-0.087	0.4467	-0.0241	0.0509	0.1149
a_{3vx}	-3.1452	0.109	-0.3757	-0.0801	-0.052	-0.2008
a_{4vx}	2.0757	-0.079	0.0509	0.0487	0.0048	0.1578
b_{1vx}	1.1714	-1.534	-1.3088	-1.4273	-1.2751	-1.2396
b_{2vx}	-0.0867	0.4394	0.202	0.2184	0.1557	0.1116
b_{3vx}	-0.3597	-0.3006	-0.4615	0.127	-0.1899	-0.2397
b_{4vx}	1.1837	0.4032	0.5846	0.0775	0.3164	0.3412
c_{1vx}	3.0087	-2.5627	-1.9846	0.1450	0.0076	0.0487
c_{2vx}	2.6063	-0.4163	-0.436	0.0269	0.2032	0.1965
c_{3vx}	1.9364	1.211	1.616	-0.0033	-0.0453	-0.0162
c_{4vx}	-2.2827	-2.6607	-0.4256	-0.1724	-0.3644	-0.1289
d_{1vx}	1.0422	2.3007	0.9808	0.2777	0.7652	0.5086
d_{2vx}	-0.1366	-0.7213	-0.3615	-0.1604	-0.377	-0.6141
d_{3vx}	0.9194	0.7898	0.5489	0.1513	-0.041	0.6329
d_{4vx}	-2.6307	-3.3565	-2.0611	-0.3042	-0.3746	-2.9071

En utilisant le principe de validation qu'on a expliqué, les résultats présentés dans la figure II.22 montre une correspondance peu satisfaisante entre la réponse du modèle et les sorties relatives aux données expérimentales, dans le cas d'une validation monoscripteur. Des résultats peu satisfaisants sont également observés dans le cas multiscripteur, figure II.23.

Chapitre II

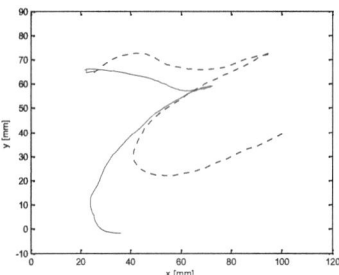

Figure II. 22. Validation monoscripteur
Paramètres de l'exemple (2) → modèle caractérisant l'exemple (3)

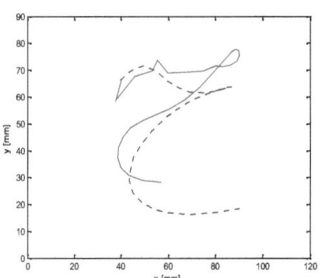

Figure II. 23. Validation multiscripteurs
Paramètres de l'exemple (3) → modèle caractérisant l'exemple (1)

Des tests de même nature, effectués sur d'autres traces graphiques, ont donné des résultats de validation acceptables dans les deux cas, monoscripteur et multiscripteur, figures II.24 et II.25.

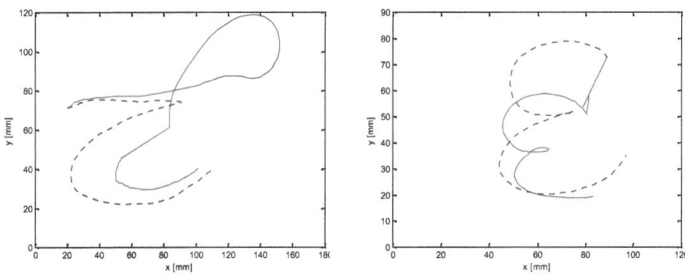

Figure II. 24. Exemple de réponses du modèle
suite à une validation monoscripteur

61

Chapitre II

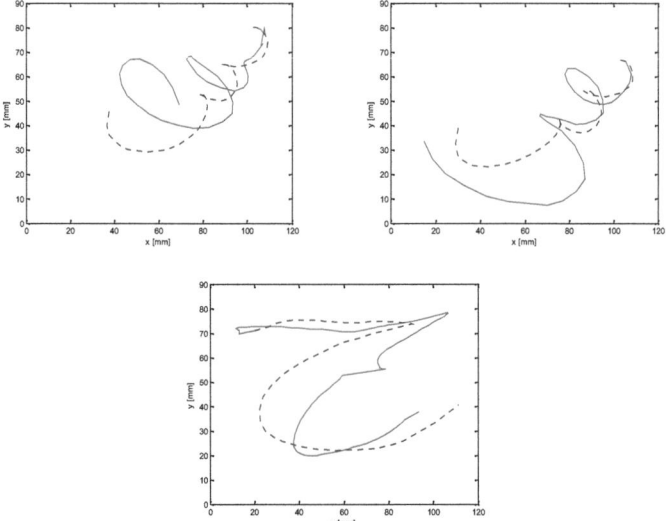

Figure II. 25. Exemple de réponses du modèle
suite à une validation multiscripteur

En résumé, partant uniquement des enregistrements électromyographiques de l'avant bras et des coordonnées de la pointe du stylo. La modélisation et l'identification de la structure proposée pour la caractérisation du processus d'écriture à la main, basée sur l'algorithme MCR a permis de proposer un modèle mathématique, linéaire et d'ordre quatre.

L'analyse et les tests de validation du modèle proposé ont montré:
- une erreur très faible, voir négligeable, entre la réponse réelle et la réponse estimée du modèle élaboré pour des données à partir desquelles l'algorithme a été mis en œuvre,
- un écart plus au moins important dans le cas d'utilisation de nouvelles données pour le même scripteur et pour la même lettre ou forme dessinée,
- une erreur non négligeable dans le cas d'utilisation de nouvelles données pour un autre scripteur et pour la même forme ou lettre dessinée.

II.5. Identification de modèles proposés basée sur la vitesse de la pointe du stylo

Dans la littérature, certaines études se sont intéressées à l'analyse des propriétés intrinsèques du système d'écriture à la main en termes de vitesse, d'amplitude et de direction de la forme produite, [Alimi, 1995] et [Plamondon, 1987]. Cependant, lorsque la vitesse, considérée comme caractéristique individuelle, augmente, la forme manuscrite se dégrade progressivement. Ce phénomène engendre à produire des formes inclinées vers la droite, pour les droitiers et vers la gauche pour les gauchers. L'influence de la vitesse a inspirée plusieurs chercheurs pour étudier son rôle dans la production de l'écriture manuscrite.

L'étude du profil de vitesse du mouvement d'écriture à la main montre que l'écriture peut être décomposée en une séquence de formes en cloches. Cette superposition peut contenir une information sur la nature et le type de la trace graphique manuscrite qui se suivent et qui correspondent à l'ensemble de traits caractérisant la forme écrite.

Partant de cette analyse, il s'avère intéressant de développer une nouvelle approche basée sur le calcul de la vitesse d'écriture à la main.

En utilisant cette étude de caractérisation du processus d'écriture à la main, dans cette partie, nous proposons deux modèles, élaborés à partir de la vitesse de la pointe du style. Le premier est un modèle direct et le deuxième un modèle inverse.

II.5.1. Modèle direct proposé

La synthèse du modèle direct, basé sur le calcul de la vitesse de la pointe du stylo lors de son déplacement dans le plan (x,y), est élaborée à partir deus signaux ElectroMyoGraphiques Intégrés de l'avant bras, IEMG$_1$ et IEMG$_2$.

La figure II. 26 illustre les entrées/sorties du modèle direct.

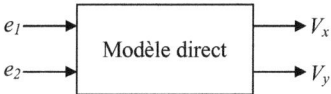

Figure II. 26. Les entrées/sorties du modèle direct

e_1 et e_2 sont les signaux IEMG$_1$ et IEMG$_2$, respectivement,

V_x et V_y sont les vitesses selon les axes des x et y, respectivement.

L'équation (II. 20) définit la vitesse de la pointe du stylo.

$$\|V(k)\| = \sqrt{V_x^2(k) + V_y^2(k)} \qquad (II.\ 20)$$

II.5.1.1. Estimation de l'ordre du modèle direct proposé

L'ordre du modèle est fixé après une multitude de tests. En respectant le critère de convergence, exprimé par l'équation (II. 14). La convergence du modèle proposé et les résultats satisfaisants sont apparus pour un modèle de troisième ordre.

Chapitre II

La structure finale proposée pour la modélisation du mouvement de la pointe du stylo durant l'écriture manuscrite en utilisant le calcul de la vitesse, est donné par les équations (II. 21) et (II. 22). En effet, le modèle proposé admet comme entrées les signaux électromyographiques intégrés e_1 et e_2 aux instants $k, k-1, k-2$ et $k-3$ ainsi que les vitesses estimées, V_{xe} et V_{ye} calculées aux instants $k-1, k-2$, $k-3$. Les sorties estimées de ce modèle sont les vitesses, V_{xe} et V_{ye} à l'instant k, équations II. 23 et II. 24, [Chihi et al, 2012a].

$$V_{xe}(k) = \sum_{i=1}^{4} -\left[\hat{a}_{ivx} V_{ye}(k-i) + \hat{b}_{ivy} V_{xe}(k-i)\right] \\ + \left[\hat{c}_{ivx} e_1(k-i+1) + \hat{d}_{ivx} e_2(k-i+1)\right]$$ (II. 21)

$$V_{ye}(k) = \sum_{i=1}^{4} -\left[\hat{a}_{ivy} V_{xe}(k-i) + \hat{b}_{ivy} V_{ye}(k-i)\right] \\ + \left[\hat{c}_{ivy} e_1(k-i+1) + \hat{d}_{ivy} e_2(k-i+1)\right]$$ (II. 22)

$\hat{a}_{ivx}, \hat{b}_{ivx}, \hat{c}_{ivx}, \hat{d}_{ivx}, \hat{a}_{ivy}, \hat{b}_{ivy}, \hat{c}_{ivy}, \hat{d}_{ivy}$ sont les paramètres relatifs aux vitesses estimées V_{xe} et V_{ye} respectivement.

II.5.1.2. Estimation des paramètres du modèle proposé

L'algorithme des Moindres Carrés Récursifs est utilisé pour l'identification paramétrique du système d'écriture à la main. Les vecteurs paramètres $_{vx}$ et $_{vy}$ sont calculés afin d'estimer V_{xe} et V_{ye}, respectivement, équations (II. 23) et (II. 24).

$_{vx}$ et $_{vy}$ sont les matrices d'observation (relatives à V_{xe} et V_{ye}, respectivement), équations (II. 25) jusqu'à (II. 28).

$$V_{xe} = \psi_{vx}^T \theta_{vx} + \varepsilon_{vx}$$ (II. 23)
$$V_{ye} = \psi_{vy}^T \theta_{vy} + \varepsilon_{vy}$$ (II. 24)

avec:

$_{vx}$ et $_{vy}$ les erreurs entre la réponse réelle et celle générée par le modèle proposé.

$$\hat{\theta}_{vx} = \left[\hat{a}_{1vx}, \hat{a}_{2vx}, \hat{a}_{3vx}, \hat{a}_{4vx}, \hat{b}_{1vx}, \hat{b}_{2vx}, \hat{b}_{3vx}, \hat{b}_{4vx}, \hat{c}_{1vx}, \hat{c}_{2vx}, \hat{c}_{3vx}, \hat{c}_{4vx}, \hat{d}_{1vx}, \hat{d}_{2vx}, \hat{d}_{3vx}, \hat{d}_{4vx}\right]$$ (II. 25)

$$\hat{\theta}_{vy} = \left[\hat{a}_{1vy}, \hat{a}_{2vy}, \hat{a}_{3vy}, \hat{a}_{4vy}, \hat{b}_{1vy}, \hat{b}_{2vy}, \hat{b}_{3vy}, \hat{b}_{4vy}, \hat{c}_{1vy}, \hat{c}_{2vy}, \hat{c}_{3vy}, \hat{c}_{4vy}, \hat{d}_{1vy}, \hat{d}_{2vy}, \hat{d}_{3vy}, \hat{d}_{4vy}\right]$$ (II. 26)

Chapitre II

$$\psi_{vx}(k) = \begin{bmatrix} -V_{ye}(k-1) & -V_{ye}(k-2) & -V_{ye}(k-3) & -V_{ye}(k-4) \\ -V_{xe}(k-1) & -V_{xe}(k-2) & -V_{xe}(k-3) & -V_{xe}(k-4) \\ e_2(k) & e_2(k-1) & e_2(k-2) & e_2(k-3) \\ e_1(k) & e_1(k-1) & e_1(k-2) & e_1(k-3) \end{bmatrix} \quad (II.\ 27)$$

$$\psi_{vy}(k) = \begin{bmatrix} -V_{xe}(k-1) & -V_{xe}(k-2) & -V_{xe}(k-3) & -V_{xe}(k-4) \\ -V_{ye}(k-1) & -V_{ye}(k-2) & -V_{ye}(k-3) & -V_{ye}(k-4) \\ e_1(k) & e_1(k-1) & e_1(k-2) & e_1(k-3) \\ e_2(k) & e_2(k-1) & e_2(k-2) & e_2(k-3) \end{bmatrix} \quad (II.\ 28)$$

L'évolution des paramètres, illustrée par la figure II.27, montrent que ces paramètres convergents rapidement vers des valeurs constantes.

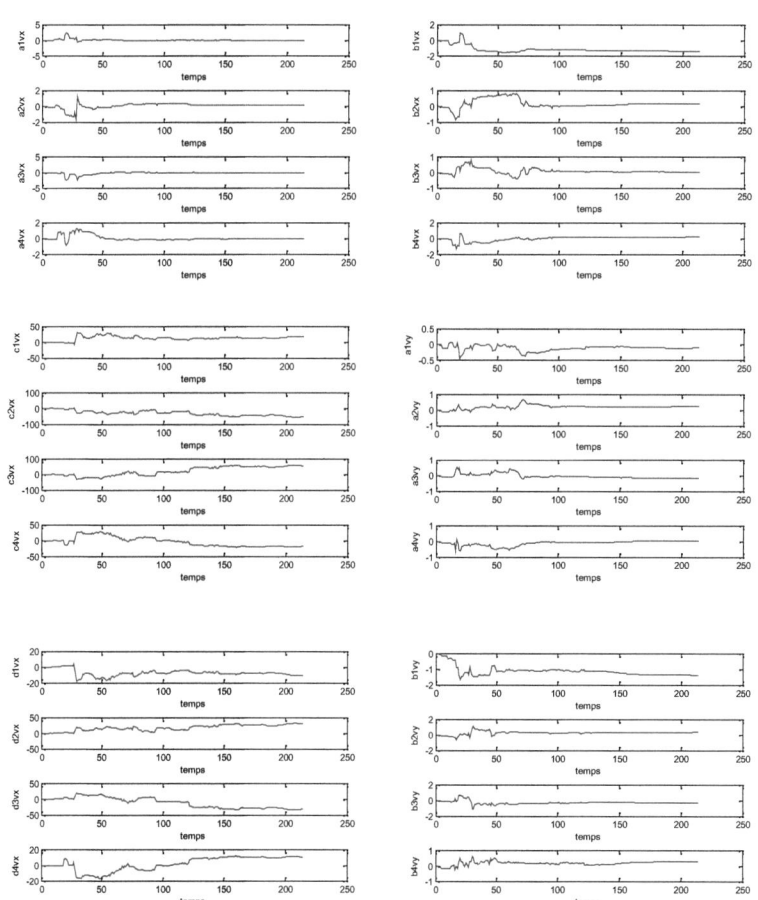

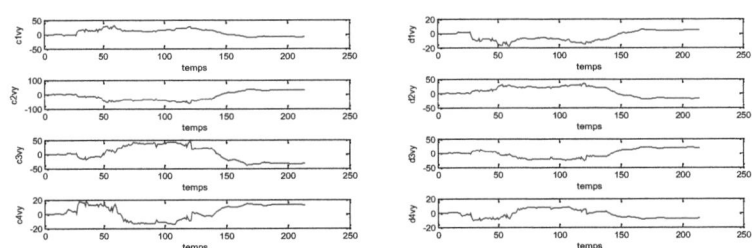

Figure II. 27. Evolutions des paramètres
($\hat{a}_{ivx}$, $\hat{b}_{ivx}$, $\hat{c}_{ivx}$, $\hat{d}_{ivx}$, $\hat{a}_{ivy}$, $\hat{b}_{ivy}$, $\hat{c}_{ivy}$, $\hat{d}_{ivy}$) de le lettre « HA »

La figure II. 28 montre quelques exemples de comparaison entre la trajectoire réelle de la pointe du stylo et celle reconstituée par le modèle direct proposé. Une conformité importante est observée entre ces deux trajectoires pour les mouvements simples, les formes géométriques et les lettres arabes.

La ligne discontinue, bleue, représente les données enregistrées de la base et la ligne continue, rouge, représente la réponse du modèle basé sur le calcul de la vitesse.

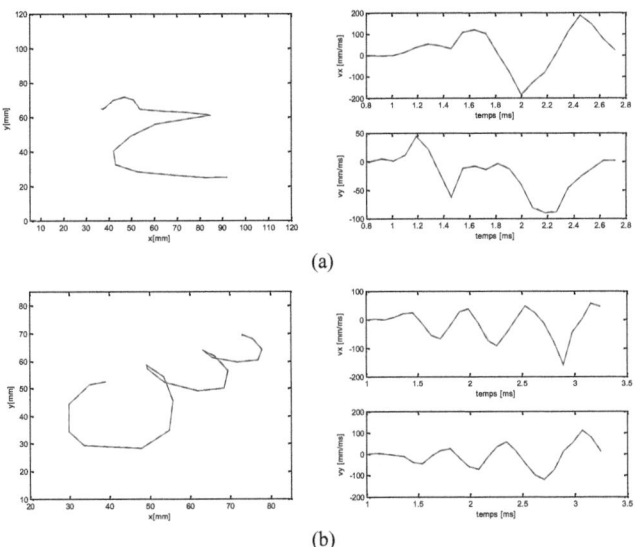

(b)
Figure II. 28. Réponses du modèle proposé basées sur la vitesse de la pointe du stylo
(forme et vitesses selon les axes x et y)

II.5.1.3. Validation et discussion

Dans le cadre de validation du modèle mathématique proposé, deux types de validation sont présentés dans cette partie. La première est proposée pour le cas monoscripteur et une deuxième pour le cas multiscripteur.

La validation monoscripteur consiste à intégrer les données d'un modèle caractérisant une lettre ou forme géométrique dans un autre modèle présentant un autre exemple de la trace graphique écrite par la même personne.

La deuxième étape de validation est proposée pour le cas multiscripteur ; elle consiste à appliquer les entrées relatives aux données expérimentales d'une lettre arabe ou d'une forme géométrique de base, à un modèle caractérisant le même type de trace graphique pour un scripteur différent.

Le tableau II. 3 donne les paramètres relatifs à la lettre arabe « HA », écrite par deux scripteurs.

Tableau II. 3. Paramètres relatifs à différents modèles de la lettre « HA » obtenus par identification pour deux scripteurs (modèle direct)

Lettre	Paramètres relatifs à la position x			Paramètres relatifs à la position y		
	HA					
Exemples	Scripteur1 exemple1	Scripteur2 exemple2	Scripteur2 exemple3	Scripteur1 exemple1	Scripteur2 exemple2	Scripteur2 exemple3
Formes						
a_{1vx}	0.1184	0.0310	0.0615	-0.7490	-1.0811	0.9257
a_{2vx}	-0.3816	0.0255	-0.1192	-0.2997	1.3020	-1.2438
a_{3vx}	0.0721	-0.0633	-0.0554	1.9701	2.0120	1.3596
a_{4vx}	1.0778	0.1612	0.1216	-0.8389	-1.8569	-0.0450
b_{1vx}	1.1534	2.1280	-1.7652	-1.3206	-0.9389	-1.9139
b_{2vx}	-0.9776	2.0594	0.6710	0.5402	-0.3174	0.8692
b_{3vx}	0.2781	-0.6558	0.2085	-0.5141	-0.1619	-0.2143
b_{4vx}	-1.5650	-0.6502	-0.1159	0.4383	0.5832	0.2561
c_{1vx}	-1.0938	-0.7995	0.7932	3.6287	1.8997	2.3732
c_{2vx}	-1.2707	0.9445	2.2539	-11.0354	-4.2695	-5.6656
c_{3vx}	4.6653	1.7699	2.4364	4.3254	3.2910	5.3856
c_{4vx}	-1.1018	0.2716	-1.0172	-1.4171	-1.4450	-1.9553
d_{1vx}	-0.0732	-0.4455	-0.4919	1.3134	6.9266	-1.0667
d_{2vx}	1.0902	0.9567	1.3458	-0.8896	-1.4966	0.4276
d_{3vx}	1.8816	-0.8145	-1.6401	1.3555	0.9244	-4.2803
d_{4vx}	-0.4668	1.8674	0.8371	3.5058	0.5038	1.0552

Chapitre II

Les résultats de validation monoscripteur et multiscripteurs, sont montrés par les figures II. 29 et II. 30.

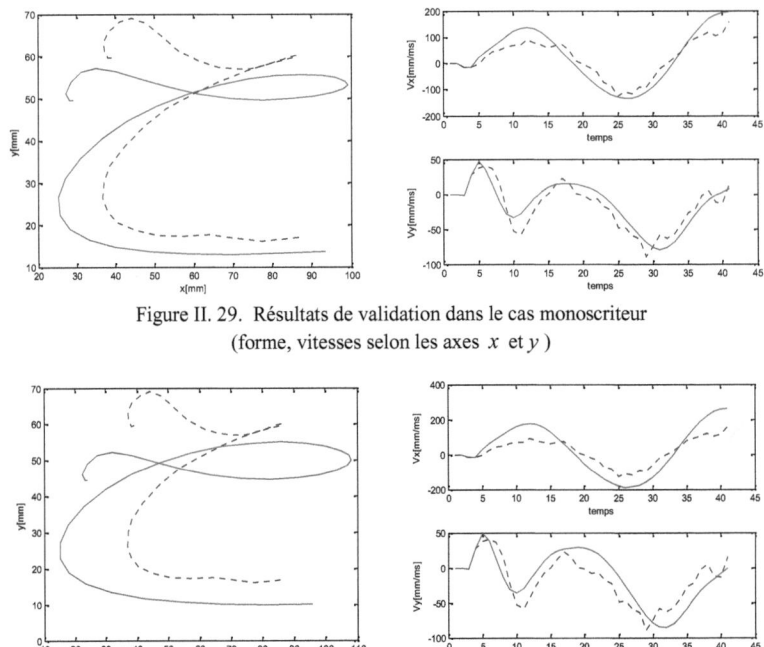

Figure II. 29. Résultats de validation dans le cas monoscriteur
(forme, vitesses selon les axes x et y)

Figure II. 30. Résultats de validation dans le cas multiscripteur
(forme, vitesses selon les axes x et y)

La validation de la structure proposée, dans le cas monoscripteur et multiscripteur, montre une correspondance entre les trajectoires réelles et celles reconstruites à partir du modèle proposé. En comparant ces résultats avec ceux obtenus par validation du modèle basé sur les positions, nous remarquons que l'écart entre la sortie du modèle et celle enregistrée est diminué. L'ordre de la structure directe basée sur la vitesse est également diminué. Cette amélioration pourrait être due à la vitesse de l'écriture manuscrite, considérée, d'une part, comme un moyen de distinction entre les écritures de différentes personnes et d'autre part de différents états psychiques d'une même personne.

II.5.2. Modèle inverse proposé

La détection des signaux EMG devient une exigence importante en génie biomédical. Ces signaux constituent une importante source d'informations utilisées dans nombreuses

68

applications cliniques et industrielles. Parmi lesquelles, on cite l'aide au diagnostic médical, la reconnaissance de mouvements pour le contrôle de prothèse, la classification des troubles neuro-musculaires, le diagnostic de maladies neuromusculaires et le contrôle des appareils fonctionnels tels que les prothèses. L'examen électromyographique est également indispensable pour juger d'une éventuelle amélioration, aggravation ou régression des anomalies dans le cadre d'un suivi postopératoire.

Dans cette partie, nous proposons le modèle inverse qui reconstitue les signaux électromyographiques de l'avant bras, à partir de la vitesse de l'écriture manuscrite, exprimée par l'équation (II. 22).
La structure du modèle inverse est présentée par la figure II. 31.

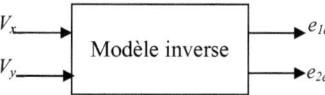

Figure II. 31. Les entrées/sorties du modèle inverse

e_{1e} et e_{2e} sont les signaux électromyographiques estimés par le modèle inverse qui utilise les vitesses, V_x et V_y, comme entrées.

II.5.2.1. Estimation de l'ordre du modèle inverse proposé

Le modèle inverse proposé permet de reconstituer les signaux IEMG de l'avant bras, à partir de la vitesse de l'écriture manuscrite. En utilisant un critère de minimisation, équation (II. 14), permet de proposer l'ordre du modèle inverse.

Après une multitude de tests cet ordre est fixé à trois. Les entrées sont les vitesses, V_x et V_y aux instants k, $k-1$, $k-2$ et $k-3$ ainsi que les signaux e_{1e} et e_{2e} calculées aux instants $k-1, k-2$, $k-3$. Les sorties estimées de ce modèle sont les signaux e_{1e} et e_{2e} à l'instant k, ils s'expriment par les relations (II. 29) et (II. 30), [Chihi et al, 2012b] et [Chihi et al, 2012c].

$$e_{1e}(k) = \sum_{i=1}^{4} -\left[\hat{a}_{i1} e_{1e}(k-i) + \hat{b}_{i1} e_{2e}(k-i)\right] + \quad \text{(II. 29)}$$
$$\sum_{i=0}^{3} \left[\hat{c}_{i1} V_x(k-i) + \hat{d}_{i1} V_y(k-i)\right]$$

$$e_{2e}(k) = \sum_{i=1}^{4} -\left[\hat{a}_{i2} e_{2e}(k-i) + \hat{b}_{i2} e_{1e}(k-i)\right] + \qquad (II.30)$$
$$\sum_{i=0}^{3}\left[\hat{c}_{i2} V_x(k-i+1) + \hat{d}_{i2} V_y(k-i+1)\right]$$

où $\hat{a}_{i1}$, $\hat{b}_{i1}$, $\hat{c}_{i1}$, $\hat{d}_{i1}$, $\hat{a}_{i2}$, $\hat{b}_{i2}$, $\hat{c}_{i2}$, $\hat{d}_{i2}$ sont les paramètres relatifs aux signaux électromyographiques estimés e_{1e} et e_{2e} respectivement.

II.5.2.2. Estimation des paramètres du modèle inverse proposé

L'identification des paramètres du modèle inverse proposé est réalisée à l'aide de l'algorithme MCR, le facteur d'oublie étant fixé à 0,9.

Les vecteurs paramètres $_{1e}$ et $_{2e}$ sont calculés afin d'estimer e_{1e} et e_{2e}, respectivement, par les relations (II. 31) et (II. 32). $_{1e}$ et $_{2e}$ sont les matrices d'observation (relatives à e_{1e} et e_{2e}, respectivement), relations (II. 33) jusqu'à (II. 38).

$$e_{1e} = \psi_{1e}^T \theta_{1e} + \varepsilon_{1e} \qquad (II.31)$$

$$e_{2e} = \psi_{2e}^T \theta_{2e} + \varepsilon_{2e} \qquad (II.32)$$

où $_{1e}$ et $_{2e}$ sont les erreurs entre les réponses réelle et celle générée par le modèle inverse proposé.

$$\hat{\theta}_{1e} = \left[\hat{a}_{11},\hat{a}_{21},\hat{a}_{31},\hat{a}_{41},\hat{b}_{11},\hat{b}_{21},\hat{b}_{31},\hat{b}_{41},\hat{c}_{11},\hat{c}_{21},\hat{c}_{31},\hat{c}_{41},\hat{d}_{11},\hat{d}_{21},\hat{d}_{31},\hat{d}_{41}\right] \qquad (II.33)$$

$$\hat{\theta}_{2e} = \left[\hat{a}_{12},\hat{a}_{22},\hat{a}_{32},\hat{a}_{42},\hat{b}_{12},\hat{b}_{22},\hat{b}_{32},\hat{b}_{42},\hat{c}_{12},\hat{c}_{22},\hat{c}_{32},\hat{c}_{42},\hat{d}_{12},\hat{d}_{22},\hat{d}_{32},\hat{d}_{42}\right] \qquad (II.34)$$

$$\psi_{1e}(k) = \begin{bmatrix} -e_{2e}(k-1) & -e_{2e}(k-2) & -e_{2e}(k-3) & -e_{2e}(k-4) \\ -e_{1e}(k-1) & -e_{1e}(k-2) & -e_{1e}(k-3) & -e_{1e}(k-4) \\ V_x(k) & V_x(k-1) & V_x(k-2) & V_x(k-3) \\ V_y(k) & V_y(k-1) & V_y(k-2) & V_y(k-3) \end{bmatrix} \qquad (II.35)$$

$$\psi_{2e}(k) = \begin{bmatrix} -e_{1e}(k-1) & -e_{1e}(k-2) & -e_{1e}(k-3) & -e_{1e}(k-4) \\ -e_{2e}(k-1) & -e_{2e}(k-2) & -e_{2e}(k-3) & -e_{2e}(k-4) \\ V_x(k) & V_x(k-1) & V_x(k-2) & V_x(k-3) \\ V_y(k) & V_y(k-1) & V_y(k-2) & V_y(k-3) \end{bmatrix} \qquad (II.36)$$

Les évolutions des paramètres dans le temps sont donnés dans la figure II. 32.

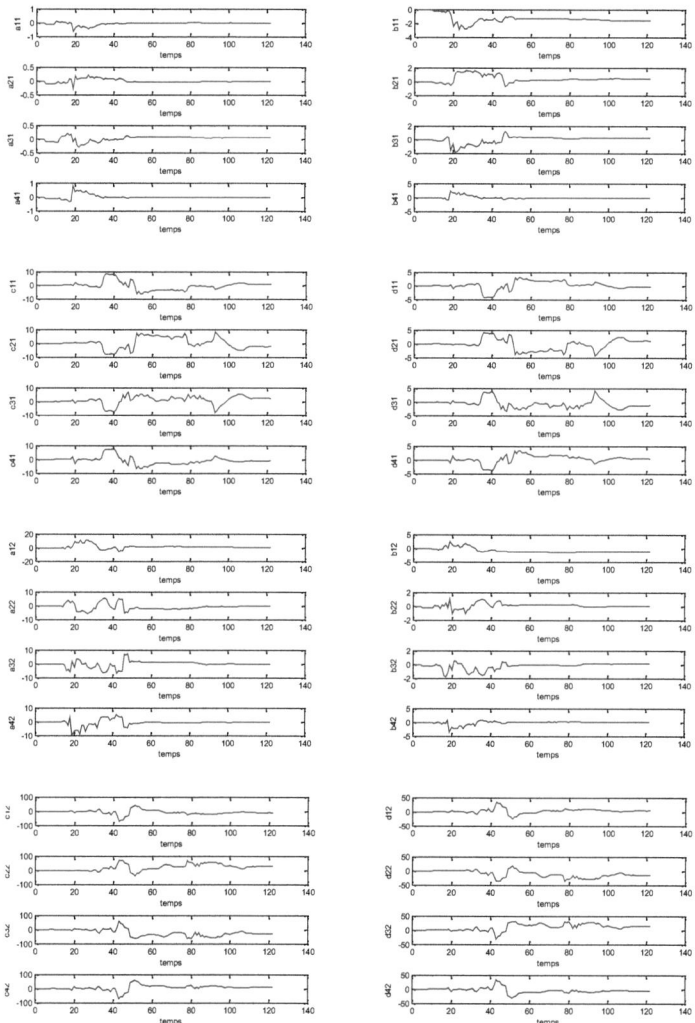

Figure II. 32. Evolutions des paramètres

($\hat{a}_{i1}, \hat{b}_{i1}, \hat{c}_{i1}, \hat{d}_{i1}$) et ($\hat{a}_{i2}, \hat{b}_{i2}, \hat{c}_{i2}, \hat{d}_{i2}$) de la lettre « HA »

La figure II. 33 montre quelques réponses du modèle inverse proposé. Les signaux IEMG sont reconstitués avec une correspondance très importante avec les signaux réels. Ce résultat est vérifié pour plusieurs les types de traces graphiques de la base.

Chapitre II

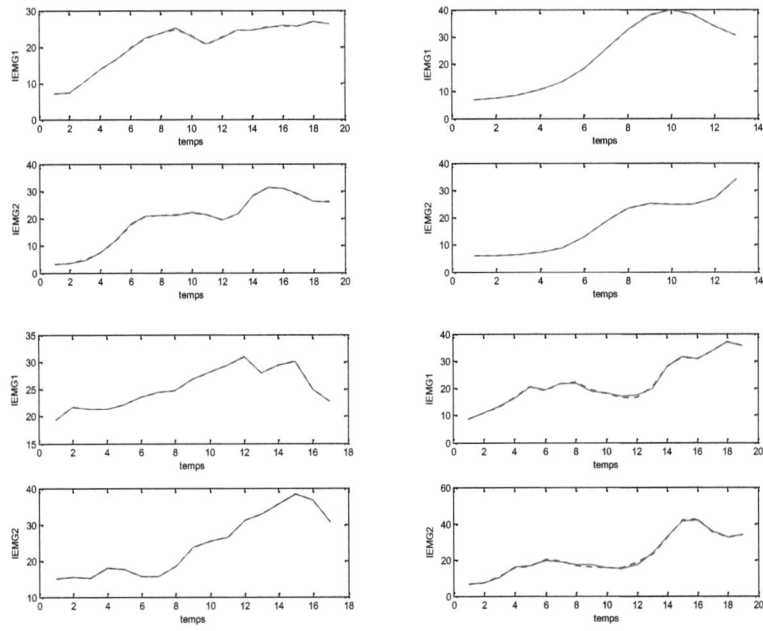

Figure II. 33. Résultats d'identification de la reconstitution
des signaux IEMG par le modèle inverse proposé

II.5.2.3. Validation et discussion

En utilisant le même principe de validation utilisé dans les parties (II.5.1.3 et II.4.3), la validation du modèle inverse, consiste à reconstituer les signaux IEMG à partir de la vitesse de la pointe du stylo dans le plan (x,y). Ceci est vérifié dans les deux cas monoscripteur et multiscripteur.

Comme nous l'avons noté, l'écriture est un caractère individuel. Cependant, elle peut avoir plusieurs formes qui varient selon différents facteurs. Cette propriété est traduite dans cette partie de validation par une erreur considérable, obtenue entre les courbes réelles et celles générées par le modèle inverse. En effet, les modèles dont les paramètres sont définis dans le tableau II. 4 sont utilisés dans la validation du modèle inverse proposé, dans le cas d'un seul scripteur, les meilleurs résultats de reconstitution des signaux électromyographiques sont donnés dans la figure II. 34.

Générés par le même scripteur ou par deux scripteurs différents, les paramètres relatifs à chaque lettre sont différents. Le premier exemple de la lettre « HA », exemple (1), écrit par le scripteur (1), présente plus de courbure, surtout dans la deuxième zone de la lettre. Le troisième exemple offre des angles plus aigus par rapport aux autres exemples. Pour la deuxième forme, les courbures sont moins importantes que celles de la première lettre et plus importantes que la troisième lettre, les angles de cette forme sont plus aigus que la première et moins aigus que la troisième.

Tableau II. 4. Paramètres relatifs à différents modèles de la lettre HA obtenus par identification pour deux scripteurs (modèle inverse)

Lettre	Paramètres relatifs à la position x			Paramètres relatifs à la position y		
	HA					
Exemples	Scripteur1	Scripteur2		Scripteur1	Scripteur2	
	exemple1	exemple2	exemple3	exemple1	exemple2	exemple3
Formes						
a_{1vx}	0.1184	0.0310	0.0615	-0.7490	-1.0811	0.9257
a_{2vx}	-0.3816	0.0255	-0.1192	-0.2997	1.3020	-1.2438
a_{3vx}	0.0721	-0.0633	-0.0554	1.9701	2.0120	1.3596
a_{4vx}	1.0778	0.1612	0.1216	-0.8389	-1.8569	-0.0450
b_{1vx}	1.1534	2.1280	-1.7652	-1.3206	-0.9389	-1.9139
b_{2vx}	-0.9776	2.0594	0.6710	0.5402	-0.3174	0.8692
b_{3vx}	0.2781	-0.6558	0.2085	-0.5141	-0.1619	-0.2143
b_{4vx}	-1.5650	-0.6502	-0.1159	0.4383	0.5832	0.2561
c_{1vx}	-1.0938	-0.7995	0.7932	3.6287	1.8997	2.3732
c_{2vx}	-1.2707	0.9445	2.2539	-11.0354	-4.2695	-5.6656
c_{3vx}	4.6653	1.7699	2.4364	4.3254	3.2910	5.3856
c_{4vx}	-1.1018	0.2716	-1.0172	-1.4171	-1.4450	-1.9553
d_{1vx}	-0.0732	-0.4455	-0.4919	1.3134	6.9266	-1.0667
d_{2vx}	1.0902	0.9567	1.3458	-0.8896	-1.4966	0.4276
d_{3vx}	1.8816	-0.8145	-1.6401	1.3555	0.9244	-4.2803
d_{4vx}	-0.4668	1.8674	0.8371	3.5058	0.5038	1.0552

Dans la validation multiscripteurs, les deux exemples (1) et (2), présentent la même lettre

Chapitre II

arabe générée par deux scripteurs différents. La figure II. 35 montre les résultats de l'intégration des données de l'exemple (1) dans l'exemple (2). Dans ce cas, une erreur importante est observée. Ceci montre que la structure mathématique proposée ne peut pas définir un seul modèle valable pour plusieurs scripteurs.

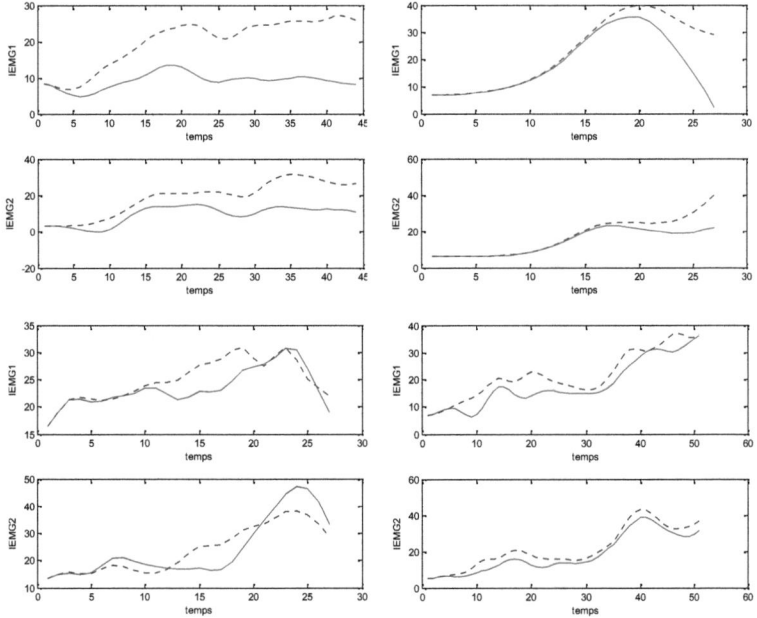

Figure II. 34. Résultats de validation de la structure proposée, cas monoscripteur

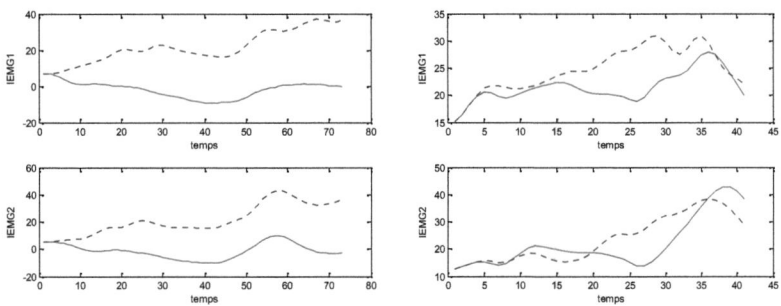

Figure II. 35. Résultats de validation de la structure proposée, cas multiscripteur

II.6. Conclusion

L'exploitation de l'algorithme d'identification des moindres carrés récursifs a permis d'estimer les paramètres des structures mathématiques proposées pour la caractérisation du processus d'écriture à la main. Ces modèles sont élaborés en exploitant des enregistrements, obtenus à partir d'une base expérimentale que nous avons présenté. Cette base permet d'enregistrer les activités musculaires de l'avant bras et les coordonnées de la pointe du stylo selon les axes x et y. En effet, le premier modèle proposé dans ce chapitre est fondé sur la relation entre ces enregistrements. En utilisant les vitesses de l'écriture, un modèle direct et un autre inverse sont également proposés.

Les résultats de tests et de validations de ces structures sont satisfaisants dans le cas d'un modèle élaboré pour des données à partir desquelles l'algorithme a été mis en œuvre. Un écart est toujours constaté dans le cas d'utilisation de nouvelles données avec les paramètres d'un scripteur différent pour la même lettre ou forme. L'intégration de nouvelles données avec les paramètres d'un scripteur différent pour la même trace graphique montre une erreur acceptable entre la réponse du modèle et celle désirée.

Les modèles basés sur les vitesses de la pointe du stylo présentent un ordre inférieur par rapport à celui fondé sur les coordonnées de la trace graphique manuscrite. Ils présentent également des résultats affinés même pour les graphes les plus compliqués (lettre « SIN », lettre « AYN », etc).

L'approche de modélisation et d'identification paramétrique, proposée dans ce chapitre caractérisant le processus d'écriture manuscrite s'est relevée concluante. Cependant, il est intéressant d'améliorer les modèles mathématiques proposés afin de représenter plusieurs types de traces graphiques produites par un seul ou plusieurs scripteurs. La solution de ce problème est abordée dans le chapitre suivant, consacré à la représentation multimodéle pour la modélisation du processus d'écriture à la main.

Chapitre III :
Structures multimodèle proposées
de caractérisation du système d'écriture à la main

III.1. Introduction

Dans le but d'élaboration d'un modèle généralisé du processus d'écriture à la main, de nouvelles structures multimodèle sont proposées dans le présent chapitre.

Les modèles élaborés dans le chapitre précédent sont utilisés pour la construction des bibliothèques de différentes structures proposées en utilisant des techniques de calcul des degrés de confiance relatifs à chaque sous-modèle.

La première structure proposée est fondée sur les coordonnées de la pointe du stylo, se déplaçant sur le plan (x,y). La deuxième est basée sur les modèles définis à partir de la vitesse de l'écriture à la main et la troisième structure est proposée afin de reconstituer les signaux IEMG de l'avant bras. Une comparaison des différents modèles et structures proposés dans ce mémoire est présentée à la fin de ce chapitre.

III.2. Les concepts de génération d'une bibliothèque multimodèle

La génération d'une bibliothèque multimodèle est une étape qui dépend principalement de la quantité et du type d'information disponible sur le processus étudié, [Delmotte, 1997].

Dans la littérature, trois concepts pour la génération de base de modèles sont distingués, à savoir :

- la modélisation idéale,
- la modélisation locale,
- la modélisation générique.

III.2.1. Concepts basés sur la modélisation idéale

L'aproche multimodèle idéale est basée sur le principe de commutation entre les différents sous-modèles. Elle permet de valider, à chaque instant un seul sou-modèle avec une validité égale à 1. A cet instant, tous les autres modèles ont des validités nulles. Ce concept nécessite de définir des modèles précis, qui reproduisent idéalement le comportement global du système étudié. Une excellente acquisition de données et de connaissance sur le processus, ainsi que la proposition d'un nombre important de sous-modèles, sont obtenues par les concepts de modélisation idéale.

III.2.2. Concepts basés sur la modélisation locale

Contrairement à la modélisation idéale, l'approche multimodèle basée sur les concepts de modélisation locale, ne nécessite pas des connaissances a priori sur le processus à modéliser. Elle est caractérisée par sa simplicité au niveau de la construction de la base de modèles et de la détermination d'une commande adéquate. Chaque sous-modèle de la bibliothèque représente le processus étudié dans un domaine de fonctionnement bien particulier qui représente lui-même le domaine de confiance du sous-modèle proposé.

A un instant donné, un seul modèle est valide. La valeur de sa validité est égale à 1 et les autres sous-modèles ont des validités nulles.

Les domaines de validité peuvent être disjoints ou ils peuvent se chevaucher entre eux. Le premier cas est le plus fréquent pour les systèmes à plusieurs modes de fonctionnement ou à configurations multiples. Dans le deuxième cas, soit un seul modèle est valide, soit deux ou plus sont partiellement valides.

Les fonctions de pondération, choisies dans le cas de domaines de validités disjoints, engendrent une approximation discontinue du système, qui est à la base non-linéaire, dans les phases de commutation. Pour certaines applications, cette discontinuité est fortement indésirable. La stratégie de fusion et de mélange des paramètres de sous-modèles en fonction de la zone de fonctionnement dans laquelle évolue le système, semble plus intéressante même pour les systèmes où les différents domaines de fonctionnement se chevauchent, [Naranda et al, 1995] et [Naranda et al, 1997].

Pour les systèmes ayant un espace de fonctionnement global étendu, la méthode de modélisation locale risque de définir un nombre de sous-modèles assez important. Ceci rend l'étape de la conception d'une commande multimodèle délicate et très complexe. Les connaissances insuffisantes sur le processus étudié engendrent une limitation dans la déduction de modèle adéquat pour chaque domaine de fonctionnement.

III.2.3. Concepts basés sur la modélisation générique

La modélisation générique est plus flexible et souple que les autres concepts de modélisation. Elle n'exige pas une quantité importante d'informations sur le processus étudié et concerne essentiellement les processus complexes incertains. Cette méthode permet de proposer des modèles qui ne correspondent pas, forcément, à des domaines de fonctionnement prédéterminés. Dans ce type de modèle, le calcul de la sortie est basé sur l'approche de fusion. Les fonctions de validités utilisées sont déterminées par l'approche des résidus, [Kardous khaldi, 2004], [Ksouri-Lahmari, 1999] et [Mezghani, 2000].

III.3. Nouvelles approches multimodèle proposées

L'écriture manuscrite est une caractéristique individuelle reconnaissable quelque soit les supports (tableau, tablette numérique, feuille de papier, etc.). En effet, l'écriture est maintenue même lorsque nous écrivons avec des segments corporels aussi incongrus que la bouche et le pied. La capacité à maintenir constantes les formes, en dépit de la variation de la taille et du type des traces, peut être perturbée voir perdue en changeant les conditions d'écriture (personne droitière (gauchère) qui écrit avec la main gauche (droite), personne inconfortablement assise, etc) ou en augmentant ou en diminuant la vitesse du mouvement. Elle dépend également de l'état psychique du scripteur et de la façon de maintenir le stylo, [Merton, 1972]et [Viviani et al, 1983].

L'approche expérimentale, décrite dans le deuxième chapitre, a permis d'obtenir une base de lettres arabes et de formes géométriques riches en informations et contenant des traces graphiques produites par différentes personnes. Ces traces sont différentes en forme, durée, amplitude et vitesse.

La complexité et les différentes propriétés du processus d'écriture à la main, expliquent les résultats parfois peu satisfaisants trouvés dans le chapitre précédent. La caractéristique individuelle du processus d'écriture à la main nous pousse à penser à une structure multimodèle pour la représentation de ce phénomène biologique assez délicat et qui dépend de plusieurs facteurs internes et externes, agissant sur la production des traces graphiques.

Cette stratégie de modélisation visent à obtenir un modèle tenant compte des complexités du système, en offrant une structure simple et facilement exploitable du point de vue mathématique et en s'appuyant sur l'utilisation d'un ensemble de sous-modèles à structures simples. Chaque sous-modèle décrit le comportement du processus étudié pour une lettre bien déterminée, produite par un scripteur spécifique.

Chapitre III

III.3.1. Structure multimodèle basée sur les coordonnées de la pointe du stylo

L'application de l'approche multimodèle nécessite tout d'abord de déterminer le nombre et la structure des sous-modèles de la base. Puis, une identification des sous-modèles doit être proposée. Le coefficient de validité de chaque sous-modèle est calculé en tenant compte des différentes sorties. Dans ce sens, nous proposons, dans cette partie, une nouvelle structure de caractérisation du processus d'écriture à la main, basée sur l'approche multimodèle. Cette structure exploite la relation entre l'activité musculaire de deux muscles de l'avant bras et le déplacement de la pointe du stylo afin de prédire à partir de deux signaux électromyographiques des muscles de l'avant-bras, e_{m1} et e_{m2}, le mouvement de la pointe du stylo, x_{mm} et y_{mm}, figure III. 1.

L'élaboration de cette approche passe par trois étapes principales, à savoir, la détermination de la base de modèles, appelée aussi bibliothèque de modèles, le calcul des validités de chaque sous-modèle et finalement, le calcul des sorties, x_{mm} et y_{mm}, en fonction de ces validités.

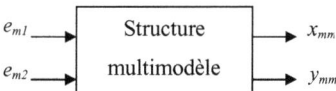

Figure III. 1. Entrées/ Sorties de la structure multimodèle
proposée basée sur le calcul de la position de la pointe du stylo

L'approche mulimodèle est utilisée afin de proposer un modèle caractérisant différentes formes de traces graphiques dessinées par une personne bien déterminée. Dans ce sens, la structure proposée est basée sur la relation entre les signaux électromyographiques et les coordonnées de la pointe du stylo.

Les modèles proposés, dans le deuxième chapitre, sont utilisés pour la construction de la bibliothèque de modèles. Chaque sous-modèle définit une lettre ou une forme géométrique bien déterminée.

La figure III. 2 illustre le principe de fonctionnement de la structure multimodèle proposée. L'unité de modèles est constituée de sous-modèles développés pour différentes traces graphiques écrites par le même scripteur. L'unité de calcul, comme indique son nom, son rôle est de définir les coefficients de validité de chaque sous-modèle. Dans notre cas, le calcul de ces coefficients est basé sur la méthode des résidus, basée sur les mesures des distances entre les sorties réelles, x_i et y_i, du sous-modèle (i) admettant comme entrées, e_{i1} et e_{i2} (*i* étant le numéro du sous-modèle et *i*= *1, 2, ..., n*).

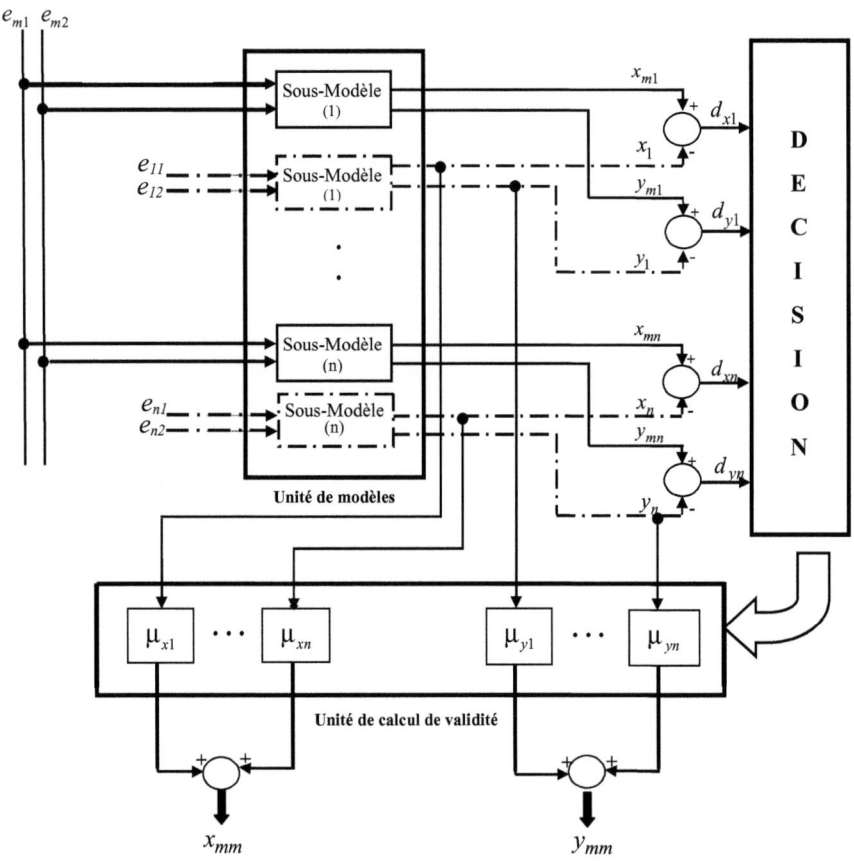

Figure III. 2. Nouvelle structure multimodèle proposée
de caractérisation du processus d'écriture à la main

Notations :

e_{m1} et e_{m2} : deux signaux électromyographiques, entrées du modèle global,

x_{mm} et y_{mm} : coordonnées de la trace graphique, sorties générées par le modèle global,

Chapitre III

e_{i1} et e_{i2} : deux signaux électromyographiques, entrées réelles du sous-modèle (i),

x_i et y_i : coordonnées de la trace graphique, sorties réelles du sous-modèle (i), suite à l'application des entrées réelles, e_{i1} et e_{i2}, au sous- modèle considéré,

x_{mi} et y_{mi} : coordonnées de la trace graphique, sorties générées par le sous-modèle (i), suite à l'application des entrées, e_{m1} et e_{m2}, au sous- modèle considéré,

d_{xi} et d_{yi} : distances euclidiennes entre les sorties réelle, x_i et y_i, du sous-modèle (i) et sorties x_{mi} et y_{mi} correspondant à l'application des entrées, e_{m1} et e_{m2}, au sous-modèle considéré,

μ_{xi} et μ_{yi} : validités attribuées au sous-modèle (i) pour le calcul des sorties globales, x_{mm} et y_{mm}, respectivement.

Les sorties de chaque sous-modèle sont utilisées dans le calcul des coefficients de validité intervenant dans la détermination des sorties finales de la structure multimodèle proposée, x_{mm} et y_{mm}.

Pour expliquer le principe de la structure multimodèle proposée, on fixe, par exemple, le nombre de sous-modèles à deux ($n = 2$). Les sous-modèle (1) et (2), caractérisent chacun une lettre ou une forme géométrique écrite par un scripteur donné.

Les entrées globales e_{m1} et e_{m2}, n'appartiennent à aucun sous-modèle de la bibliothèque, Dans une première étape, on injecte ces entrées, au sous-modèle (1) pour obtenir les sorties x_{m1} et y_{m1}. On refait la même démarche au sous-modèle (2) pour obtenir les sorties, x_{m2} et y_{m2}.

La deuxième étape consiste à calculer les distances euclidiennes entre les sorties réelles, x_i et y_i, de chaque sous-modèle et celles obtenues dans la première étape, x_{mi} et y_{mi}. Les distances euclidiennes calculées sont :

d_{x1} : les distances euclidiennes entre x_1 et x_{m1},

d_{x2} : les distances euclidiennes entre x_2 et x_{m2},

d_{y1} : les distances euclidiennes entre y_1 et y_{m1},

d_{y2} : les distances euclidiennes entre y_2 et y_{m2}.

La troisième étape s'intéresse au calcul des degrés de fidélités de chaque sous-modèle pour définir les validités $\mu_{x1}, \mu_{y1}, \mu_{x2}$ et μ_{y2}, utilisées dans le calcul des sorties globales, x_{mm} et y_{mm}.

III.3.1.1. Construction de la base de modèles

Dans le présent travail, l'étude du processus d'écriture à la main est essentiellement basée sur des mesures des activités musculaires et des mouvements de la pointe du stylo dans le plan

(x,y), enregistrées durant une approche expérimentale. Dans le chapitre II, ce processus de type « boîte noire » est présenté par deux modèles, l'un est basé sur les positions de la pointe du stylo et l'autre est basé sur la vitesse. Ces modèles sont obtenus en appliquant l'algorithme d'identification MCR, permettant d'estimer les paramètres intervenant dans l'équation du modèle correspondant.

Les sous-modèles, constituant la bibliothèque de la structure multimodèle, sont les modèles proposés dans le chapitre II.

III.3.1.2. Calcul des validités

Le principal avantage de l'approche multimodèle apparaît dans la simplicité de la description des modèles locaux qui peuvent avoir des structures différentes et des ordres réduits par rapport au modèle global. Le degré de validité est associé à chaque modèle local, afin d'évaluer sa pertinence pour décrire le système dans sa zone de fonctionnement.

La définition d'une fonction, permettant de déterminer le degré de validité, est une étape importante qui sert à estimer la contribution de chaque sous-modèle dans le calcul des sorties du modèle global. Ces sorties sont généralement obtenues par commutation ou par fusion des différentes réponses des sous-modèles de la bibliothèque.

Dans le chapitre I, nous avons présenté les approches de calcul de validités les plus utilisées dans la littérature. Ces approches, diffèrent selon la méthode adaptée pour le calcul des coefficients de pertinence de chaque sous-modèle. Ces coefficients peuvent être déterminés hors ligne en fonction des informations disponibles a priori, ou bien en ligne en fonction des mesures entrées/sorties a posteriori, [Delmotte, 1997].

Dans nos travaux, l'étude du système d'écriture à la main est basée, essentiellement, sur un ensemble d'enregistrements entrées/sorties. Ce processus est considéré comme une « boite noire », c'est-à-dire que les connaissances a priori ne sont pas disponibles. Le choix de la méthode adéquate du calcul des degrés de pertinence, dépend essentiellement de la nature et des propriétés du processus à modéliser.

Une méthode puissante de calcul de validités s'avère indispensable pour ce genre de système. De plus, la représentation multimodèle exige d'estimer, à chaque instant et dépendamment de l'évolution du système étudié, le coefficient de fiabilité de chaque sous-modèle de la bibliothèque.

L'approche de calcul des résidus répond à ces besoins et semble efficace pour la modélisation de ce processus. Cette approche basée sur le calcul des distances géométriques, n'utilise pas des connaissances apriori et utilise les informations obtenues en ligne.

Nous proposons, dans ce travail, deux méthodes de calcul de validités basées sur l'approche des résidus, à savoir, la validité simple et la validité renforcée.

III.3.1.2.1. Méthode de validité simple

L'approche de calcul de justesse ou de fiabilité des sous-modèles par la méthode simple des résidus, utilise la notion des distances géométriques, relations (III. 1) et (III. 2).

Cette technique est utilisée pour le calcul des degrés de validité dans la structure multimodèle proposée.

$$d_{xi}(k) = \|x_{mi}(k) - x_i(k)\| \qquad \text{(III. 1)}$$

$$d_{yi}(k) = \|y_{mi}(k) - y_i(k)\| \qquad \text{(III. 2)}$$

Les confiances ou les validités normalisées du modèle sont calculées par les relations (III . 3) et (III. 4). Ces équations montrent que la validité d'un sous-modèle augmente lorsque les distances entre les sorties générées par la structure multimodèle et la sortie du sous-modèle, d_{xi} et d_{yi}, décroissent. Il est remarquable que lorsque ces distances sont nulles, les confiances sont égales à 1 et vice-versa. La confiance ou la validité est une fonction d'appartenance relative à un sous-modèle donné, évoluant en sens inverse par rapport aux résidus.

$$\mu_{xi}(k) = 1 - \frac{d_{xi}(k)}{\sum_{j=1}^{n} d_{xj}(k)} \qquad \text{(III. 3)}$$

$$\mu_{yi}(k) = 1 - \frac{d_{yi}(k)}{\sum_{j=1}^{n} d_{yj}(k)} \qquad \text{(III. 4)}$$

n étant le nombre global des sous-modèles de la base.

III.3.1.2.2. Méthode de validité renforcée

Dans le cas où le processus à étudier peut être représenté par un seul sous-modèle, la méthode de calcul des validités simples ne permet pas d'accorder une confiance absolue, égale à 1, à ce sous-modèle. Dans ce cas, il est difficile de considérer faibles, les validités des autres sous-modèles, ce qui permet d'infiltrer des phénomènes de perturbations sur le bon modèle qui doit avoir une confiance trop élevée. Ce problème, nous conduit à introduire une autre méthode de calcul de validités, appelée validité renforcée, qui aide à renforcer, à un instant donné, la confiance accordée à un sous-modèle particulier.

Dans le but d'atténuer les phénomènes de perturbations obtenus par les mauvais sous-modèles, les validités renforcées, μ_{xi}^r et μ_{yi}^r, introduisent un terme multiplicatif exponentiel, relations (III. 5) et (III. 6).

$$\mu_{xi}^r(k) = \left(1 - \frac{d_{xi}(k)}{\sum_{j=1}^{n} d_{xj}(k)}\right) \prod_{j=1}^{n} \left(1 - e^{-\left(\frac{d_{xi}(k)}{\sum_{j=1}^{n} d_{xj}(k)}\right)^2 / \sigma}\right) \quad \text{(III. 5)}$$

$$\mu_{yi}^r(k) = \left(1 - \frac{d_{yi}(k)}{\sum_{j=1}^{n} d_{yj}(k)}\right) \prod_{j=1}^{n} e^{1 - \left(\frac{d_{yi}(k)}{\sum_{j=1}^{n} d_{yj}(k)}\right)^2 / \sigma} \quad \text{(III. 6)}$$

μ_{xi}^r et μ_{yi}^r sont les coefficients de validités selon les axes x et y, respectivement.

σ est un paramètre de réglage, dans notre cas il est égal à 0,5.

III.3.1.3. Calcul des sorties multimodèle

Les sorties, calculées par l'approche multimodèle proposée, peuvent être obtenues par de la technique de commutation de différentes sorties des sous-modèles de la base ou par la technique de fusion entres ces sorties. L'approche multimodèle proposée, dans ce travail, repose sur le calcul des sorties du modèle global par la fusion des sorties des sous-modèles pondérées par leurs validités respectives, [Borne, 1998] et [Elfelly, 2010].

Les relations de (III. 7) jusqu'à (III. 10) représentent les sorties du modèle global obtenues par la méthode de validités simples.

Chapitre III

$$x_{mm}(k) = \sum_{i=1}^{n}\left(1 - \frac{d_{xi}(k)}{\sum_{j=1}^{n}d_{xj}(k)}\right)x_i(k) \qquad (III.\,7)$$

$$y_{mm}(k) = \sum_{i=1}^{n}\left(1 - \frac{d_{yi}(k)}{\sum_{j=1}^{n}d_{yj}(k)}\right)y_i(k) \qquad (III.\,8)$$

en d'autres termes :

$$x_{mm}(k) = \sum_{i=1}^{n}\mu_{xi}(k)x_i(k) \qquad (III.\,9)$$

$$y_{mm}(k) = \sum_{i=1}^{n}\mu_{yi}(k)y_i(k) \qquad (III.\,10)$$

Dans le cas d'utilisation d'une fonction de validité renforcée, les expressions des sorties x_{mm} et y_{mm}, deviennent (relations (III. 11) jusqu'à (III. 14)) :

$$x_{mm}(k) = \sum_{i=1}^{n}\left(1 - \frac{d_{xi}(k)}{\sum_{j=1}^{n}d_{xj}(k)}\right)\prod_{j=1}^{n}\left(1 - e^{-\left(\frac{d_{xi}(k)}{\Sigma_{j=1}^{n}d_{xj}(k)}\right)^2/\sigma}\right)x_i(k) \qquad (III.\,11)$$

$$y_{mm}(k) = \sum_{i=1}^{n}\left(1 - \frac{d_{yi}(k)}{\sum_{j=1}^{n}d_{yj}(k)}\right)\prod_{j=1}^{n}\left(1 - e^{-\left(\frac{d_{yi}(k)}{\Sigma_{j=1}^{n}d_{yj}(k)}\right)^2/\sigma}\right)y_i(k) \qquad (III.\,12)$$

en d'autres termes :

$$x_{mm}(k) = \sum_{i=1}^{n}\mu_{xi}^{r}(k)x_i(k) \qquad (III.\,13)$$

$$y_{mm}(k) = \sum_{i=1}^{n}\mu_{yi}^{r}(k)y_i(k) \qquad (III.\,14)$$

III.3.1.4. Test et simulation de la structure multimodèle proposée

La structure multimodèle, caractérisant le modèle direct du système d'écriture à la main, est définie par des sous-modèles identifiés par l'algorithme des moindres carrés récursifs. Afin

Chapitre III

d'obtenir un modèle qui produit les coordonnées x et y d'une trace graphique à partir de deux signaux IEMG de l'avant bras, des tests de validité de la structure multimodèle sont définis. La stratégie proposée consiste à valider la structure multimodèle dans le cas monoscripteur. Dans ce cas, tous les sous-modèles de la bibliothèque caractérisent des traces graphiques, écrites par le même scripteur. Dans cette validation, deux cas se présentent, à savoir :

- les sous-modèles caractérisent un seul type de lettre arabe ou de forme géométrique,
- les sous-modèles caractérisent différents types de lettres arabes ou de formes géométriques.

Dans une première étape, la ligne verticale (mouvement d'aller-retour : bas / haut / bas), de la figure III. 3, a été obtenue à partir de certains sous-modèles représentant plusieurs exemples de la ligne verticale produites par le même scripteur.

Notons que la ligne pointillée correspond aux données expérimentales et la ligne rouge continue représente la réponse de la structure multimodèle proposée.

Les figures III. 3 (a) et III. 3 (b) montrent les réponses de la structure multimodèle proposée basée sur les deux types de validités, simple et renforcée, respectivement. Un bon accord est observé entre la sortie de la structure proposée et les données enregistrées, pour les deux fonctions considérées.

La validité renforcée offre des résultats plus proches de la trace manuscrite réelle, surtout dans la zone qui présente une légère courbure. Le rajout du terme exponentiel dans l'expression des degrés de pertinence des sous-modèles, minimise l'erreur entre les deux courbes, réelle et prédite.

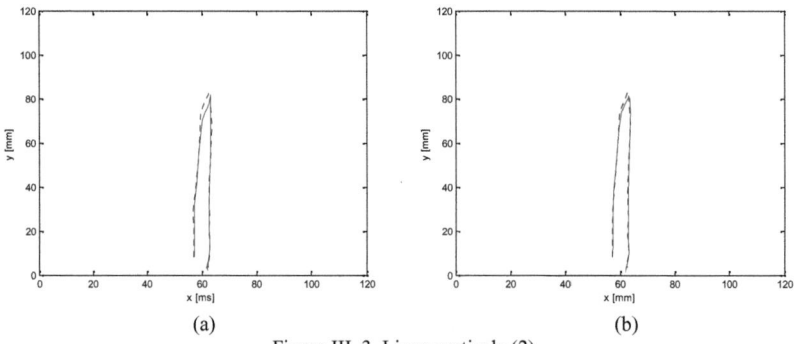

(a)   (b)

Figure III. 3. Ligne verticale (2)
Réponse de la structure multimodèle basée sur le calcul de la position
Cas monoscripteur et sous-modèles représentant le même type de formes graphiques
(a) fonction de validité simple, (b) fonction de validité renforcée

Chapitre III

La même analyse est appliquée à la lettre arabe « SIN » ; la correspondance entre la réponse du modèle et la trajectoire qu'on estime trouver est moins importante dans les parties courbées de la lettre. Des résultats satisfaisants sont illustrés pour des validités renforcées montrant globalement un léger affinement par rapport à la fonction de validité simple, figure III. 4.

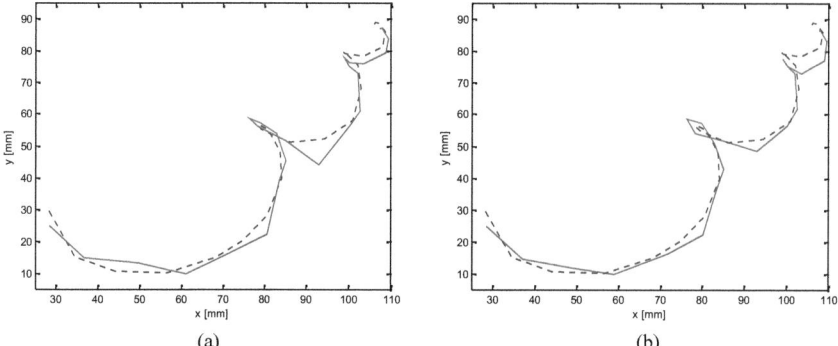

(a) (b)
Figure III. 4. Lettre arabe « SIN »
Réponse de la structure multimodèle basée sur le calcul de la position
Cas monoscripteur et sous-modèles représentant le même type de formes graphiques
(a) fonction de validité simple, (b) fonction de validité renforcée

Pour la deuxième étape, tous les sous-modèles représentent différents types de traces manuscrites. La figure III. 5 illustre la réponse du modèle proposé pour la lettre arabe « HA », générée par un scripteur donné. Cette réponse est obtenue à partir des sous-modèles écrits par le même scripteur et caractérisant plusieurs exemples de la lettre « HA » et d'autres représentant la lettre arabe « AYN ».
En effet, la figure III. 5 (a) est obtenue pour une structure multimodèle basée sur l'approche des résidus simple et la figure III. 5 (b) pour des validités basées sur la méthode des résidus renforcées.

Ces figures montrent que, dans le cas où tous les sous-modèles sont relatifs à un même scripteur, la structure proposée arrive à mimer la trajectoire réelle de la pointe du stylo. Si, on partage la lettre « HA » en trois zones, la concordance entre la réponse de la structure proposée et les données expérimentales est remarquable surtout pour la première et la troisième zone de la lettre, considérées comme les zones les moins courbées. En comparant les figures III. 5 (a) et III. 5 (b), obtenues pour les fonctions de validités, simple et renforcée, respectivement. La deuxième fonction, offre plus de conformité avec les données

87

Chapitre III

expérimentales. Ceci est observé surtout dans la deuxième zone de lettre qui est la plus courbée, c'est-à-dire pour les points ayant des coordonnées x et y appartenant aux intervalles, [40 55] et [20 55], respectivement. Cet affinement, par la fonction de validité renforcée est également obtenu dans la fin de la lettre considérée.

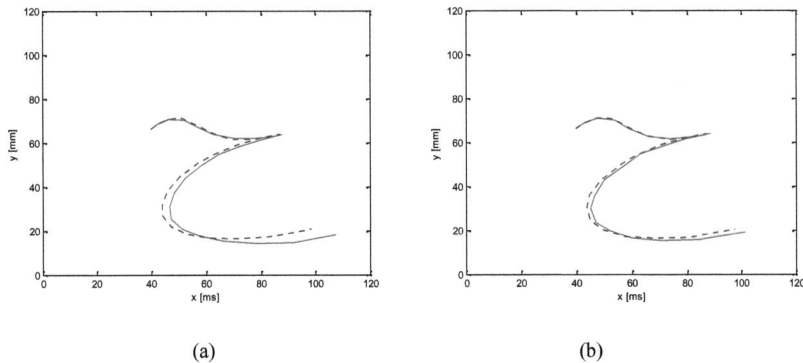

(a)   (b)

Figure III. 5. Lettre arabe « HA »
Réponse de la structure multimodèle basée sur le calcul de la position
Cas monoscripteur et sous-modèles représentant différentes formes graphiques
(a) fonction de validité simple, (b) fonction de validité renforcée

La figure III. 6 (a) est le résultat d'application des signaux électromyographiques relatifs à une lettre « HA », à une structure multimodèle, composée des sous-modèles représentant divers exemples de cette lettre et d'autres caractérisant différentes traces (la lettre arabe « AYN », cercle 1 et triangle 1). Les sous-modèles sont générés la même personne. Le résultat obtenu montre que le modèle suit la trajectoire souhaitée. Toutefois, des erreurs considérables sont constatées entre les données expérimentales et la réponse du modèle.

La figure III. 6 (b) est obtenue à partir de la même bibliothèque utilisée pour la génération de la figure III. 6 (a), mais en utilisant une fonction de validité renforcée qui montre une meilleure ressemblance entre la lettre à estimer et celle générée par la structure proposée. La ressemblance est observée dans les trois zones de la lettre, en particulier la deuxième zone de qui est la plus courbée présente une amélioration considérable.

Cette analyse est également proposée pour des données correspondant à un mouvement circulaire, ces coordonnées sont appliquées à une structure multimodèle définie par des sous-modèles représentant différentes formes (triangle, ligne horizontale), figure II. 7.

Chapitre III

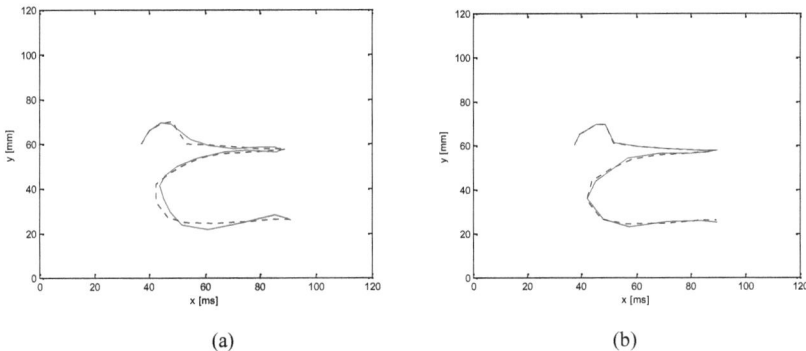

(a)   (b)

Figure III. 6. Lettre « HA »
Réponse de la structure multimodèle basée sur le calcul de la position
Cas monoscripteur et sous-modèles représentant différentes formes graphiques
(a) fonction de validité simple, (b) fonction de validité renforcée

Le raffinement entre les deux méthodes de calcul de validités est observé dans les zones de la forme considérée, qui présentent moins de courbure. En effet, les points ayant les coordonnées x et y appartenant aux intervalles [65 70] et [70 78], respectivement, présentent une courbure importante que le modèle basé sur la validité renforcée, n'arrive pas à raffiner. Le même cas est remarqué dans la zone la plus courbée de la forme, x et y appartenant aux intervalles [100 105] et [25 80], respectivement.

Les résultats montrent que la structure multimodèle proposée suit la trajectoire désirée avec une correspondance plus importante dans les structures basées sur les degrés de confiance renforcée.

Les figures III. 3 jusqu'à III. 7, montrent l'intérêt de la deuxième méthode de calcul de pertinence, renforcée, qui annule les degrés de justesse des sous-modèles différents de celui pour lequel nous avons utilisé ses entrées comme excitation du modèle global proposé. En effet, ces degrés de justesse sont nulles, car les distances euclidiennes, d_{xi} et d_{yi}, sont aussi nulles ce qui annule le terme donné dans (III. 15).

Chapitre III

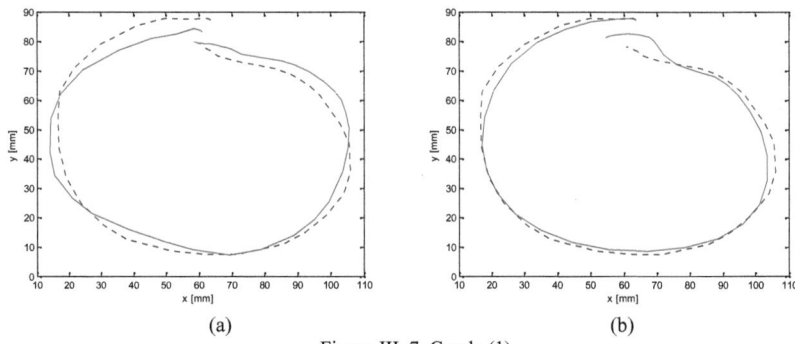

(a)   (b)

Figure III. 7. Cercle (1)
Réponse de la structure multimodèle basée sur le calcul de la position
Cas monoscripteur et sous-modèles représentant différentes formes graphiques
(a) fonction de validité simple, (b) fonction de validité renforcée

$$1-e^{-\left(\frac{d_{xi}(k)}{\sum_{j=1}^{n} d_{xj}(k)}\right)^2} \qquad (III.15)$$

Les résultats sont acceptables si tous les sous-modèles représentent le même type de la forme souhaitée. Une erreur acceptable est observée lorsque quelque sous-modèles représentent différents types de trace.

Par rapport aux méthodes basées sur le calcul des validités simples, l'approche de validité renforcée offre des résultats plus précis et arrive à mieux mimer le comportement de la pointe du stylo. Ceci est observé pour plusieurs formes de traces manuscrites.

III.3.2. Structure multimodèle proposée basée sur la vitesse de la pointe du stylo

En se référant aux résultats trouvés dans le chapitre II, nous constatons que le modèle, caractérisant le processus d'écriture à la main, basé sur le calcul de la vitesse, offre des résultats plus précis par rapport au modèle basé sur les déplacements de la pointe du stylo.

Dans le but de proposer un modèle global du système d'écriture à la main, nous allons utiliser, dans cette partie, les structures mathématiques proposées dans le chapitre II et caractérisant les modèles directs et inverses du système d'écriture à la main et basés sur le calcul des vitesses, pour la définition d'une nouvelle approche multimodèle.

La structure multimodèle proposée dans la section (III.3.1) est construite à partir d'une bibliothèque constituée de sous-modèles basés sur les coordonnées x et y de la pointe du stylo.

Cette structure permet de mimer le mouvement de l'écriture manuscrite et de proposer un modèle valide uniquement dans le cas monscripteur.
La vitesse de l'écriture à la main est une caractéristique individuelle qui peut définir le mouvement de l'écriture manuscrite et distinguer cette écriture d'une personne à une autre. L'importance de la vitesse dans la caractérisation de l'acte de l'écriture à la main et les limites de modélisation de cet acte biologique par les approches précédentes, nous pousse à proposer une deuxième structure multimodèle basée sur le calcul de la vitesse. Dans ce sens, nous proposons deux modèles, direct et inverse, décrivant respectivement, le mouvement de la pointe du stylo durant le processus d'écriture et les signaux électromyographiques de l'avant bras intervenant lors de la génération des traces graphiques.

III.3.2.1. Structure multimodèle directe proposée

En se basant sur le même principe de fonctionnement, de la figure III. 2, la vitesse de la pointe du stylo, calculée lors de la génération des traces graphiques manuscrites, est utilisée dans la construction de la base de modèles.

Les signaux électromyographiques de l'avant bras, traduisant les mouvements, vertical et horizontal, de la pointe du stylo en mouvement sur une table digitale, sont considérés comme des entrées de la structure multimodèle. Les sorties de cette structure sont les vitesses, calculées selon les axes x et y.

La figure III. 8 décrit la structure proposée comme étant une « boîte noire », les entrées de cette structure sont les signaux électromyographiques intégrés, e_{m1} et e_{m2}, les sorties sont les vitesses, V_{xmm} et V_{ymm}.

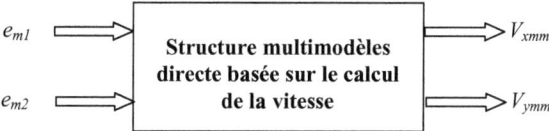

Figure III. 8. Entrées/ Sorties de la structure multimodèle directe proposée à partir de la vitesse de la pointe du stylo

III.3.2.1.1. Description de l'approche proposée

Le modèle direct est défini à partir de la même structure multimodèle proposée dans la partie (III.3.1). Cette approche calcule la distance euclidienne entre les sorties réelles, V_{xi} et V_{yi}, de chaque sous-modèle (i), et les sorties générées par ce sous-modèle, V_{xmi} et V_{ymi}, suite à l'application des entrées, e_{m1} et e_{m2}.

Chapitre III

Ces distances sont utilisées pour le calcul des degrés de fiabilité et de contribution des sous-modèle de la bibliothèque pour la détermination des sorties multimodèle, V_{xmm} et V_{ymm}.

$$d_{vxi}(k) = \|V_{xmi}(k) - V_{xi}(k)\| \qquad (III.16)$$

$$d_{vyi}(k) = \|V_{ymi}(k) - V_{yi}(k)\| \qquad (III.17)$$

avec :

d_{vxi} et d_{vyi} : distance euclidienne, calculée selon les axes x et y.

V_{xmm} et V_{ymm} : les vitesses de la pointe du stylo, sorties générées par le modèle global,

V_{xi} et V_{yi} : les vitesses de la pointe du stylo, sorties réelles générées par le sous-modèle (i) et qui correspondent à l'application des entrées réelles, e_{i1} et e_{i2}, au sous-modèle considéré,

V_{xmi} et V_{ymi} : les vitesses de la pointe du stylo, sorties générées par le sous-modèle (i), suite à l'application des entrées, e_{m1} et e_{m2}, au sous- modèle considéré,

d_{vxi} et d_{vyi} : les distances euclidiennes entre les sorties réelles du sous-modèle (i), V_{xi} et V_{yi}, et les sorties V_{xmi} et V_{ymi} qui correspondent à l'application des entrées, e_{m1} et e_{m2}, au sous- modèle considéré,

μ_{vxi} et μ_{vyi} : les validités attribuées au sous-modèle (i) pour le calcul des sorties globales, V_{xmm} et V_{ymm}, respectivement.

III.3.2.1.2. Calcul des validités

Les sorties finales du modèle direct, V_{xmm} et V_{ymm}, dépendent, essentiellement des degrés de validité attribués à chaque sous-modèle et permettent de déterminer la fiabilité de chacun d'eux pour le calcul de ces sorties. Les validités doivent être judicieusement choisies. Les deux méthodes de calcul de validité (méthode des résidus, simple et renforcée), sont utilisées dans cette partie afin de définir les degrés de confiances, μ_{vxi} et μ_{vyi}.

III.3.2.1.2.1. Méthode de validité simple

Les confiances ou les validités normalisées du modèle sont exprimées par les équations (III. 18) et (III. 19).

$$\mu_{vxi}(k) = 1 - \frac{d_{vxi}(k)}{\sum_{j=1}^{n} d_{vxj}(k)} \qquad (III.18)$$

Chapitre III

$$\mu_{vyi}(k) = 1 - \frac{d_{vyi}(k)}{\sum_{j=1}^{n} d_{vyj}(k)} \quad \text{(III. 19)}$$

$_{vxi}$ et $_{vyi}$ sont les coefficients de validités selon les axes x et y, respectivement.
n est le nombre global des sous-modèles de la base.

III.3.2.1.2.2. Méthode de validité renforcée

Les validités renforcées, μ_{vxi}^r et μ_{vyi}^r, sont données par les relations (III. 20) et (III. 21).

$$\mu_{vxi}^r(k) = \left(1 - \frac{d_{vxi}(k)}{\sum_{j=1}^{n} d_{vxj}(k)}\right) \prod_{j=1}^{n} \left(1 - e^{-\left(\frac{d_{vxi}(k)}{\sum_{j=1}^{n} d_{vxj}(k)}\right)^2 / \sigma}\right) \quad \text{(III. 20)}$$

$$\mu_{vyi}^r(k) = \left(1 - \frac{d_{vyi}(k)}{\sum_{j=1}^{n} d_{vyj}(k)}\right) \prod_{j=1}^{n} \left(e^{-\left(\frac{d_{vyi}(k)}{\sum_{j=1}^{n} d_{vyj}(k)}\right)^2 / \sigma}\right) \quad \text{(III. 21)}$$

μ_{xi}^r et μ_{yi}^r sont les coefficients de validités selon les axes x et y, respectivement. On garde toujours le paramètre de réglage est égal à 0,5.

III.3.2.1.3. Calcul des sorties et validation de la structure proposée

Les sorties globales, basées sur la fonction de validité simple, sont exprimées par les relations (III. 22) jusqu'à (III. 25).

$$V_{xmm}(k) = \sum_{i=1}^{n} \left(1 - \frac{d_{vxi}(k)}{\sum_{j=1}^{n} d_{vxj}(k)}\right) V_{xi}(k) \qquad (\text{III. 22})$$

$$V_{ymm}(k) = \sum_{i=1}^{n} \left(1 - \frac{d_{vyi}(k)}{\sum_{j=1}^{n} d_{vyj}(k)}\right) V_{yi}(k) \qquad (\text{III. 23})$$

en d'autres termes :

$$V_{xmm}(k) = \sum_{i=1}^{n} \mu_{vxi}(k) V_{xi}(k) \qquad (\text{III. 24})$$

$$V_{ymm}(k) = \sum_{i=1}^{n} \mu_{vyi}(k) V_{yi}(k) \qquad (\text{III. 25})$$

En utilisant la fonction de validité renforcée, les expressions des sorties, V_{xmm} et V_{ymm}, deviennent (relations (III. 26) jusqu'à (III. 29)) :

$$V_{xmm}(k) = \sum_{i=1}^{n} \left(1 - \frac{d_{vxi}(k)}{\sum_{j=1}^{n} d_{vxj}(k)}\right) \prod_{j=1}^{n} \left(1 - e^{-\left(\frac{d_{vxi}(k)/\sum_{j=1}^{n} d_{vxj}(k)}{\sigma}\right)^2}\right) V_{xi}(k) \qquad (\text{III. 26})$$

$$V_{ymm}(k) = \sum_{i=1}^{n} \left(1 - \frac{d_{vyi}(k)}{\sum_{j=1}^{n} d_{vyj}(k)}\right) \prod_{j=1}^{n} \left(1 - e^{-\left(\frac{d_{vyi}(k)/\sum_{j=1}^{n} d_{vyj}(k)}{\sigma}\right)^2}\right) V_{yi}(k) \qquad (\text{III. 27})$$

en d'autres termes :

$$V_{xmm}(k) = \sum_{i=1}^{n} \mu_{vxi}^{r}(k) V_{xi}(k) \qquad (\text{III. 28})$$

$$V_{ymm}(k) = \sum_{i=1}^{n} \mu_{vyi}^{r}(k) V_{yi}(k) \qquad (\text{III. 29})$$

Afin de généraliser le modèle direct, nous proposons la stratégie de tests suivante :

- valider la structure proposée dans le cas monoscripteur. Dans ce cas tous les sous-modèles de la bibliothèque caractérisent des traces graphiques, écrites par le même scripteur. Dans cette validation, deux cas se présentent, à savoir :

  o les sous-modèles caractérisent un seul type de lettres arabes ou de formes géométriques,
  o les sous-modèles caractérisent différents types de lettres arabes ou de formes géométriques.

- valider la structure proposée dans le cas multiscripteur. Cette validation permet de généraliser l'approche multimodèle et de proposer une base de modèles constituée de sous-modèles appartenant à plusieurs scripteurs. La validation multiscripteur est proposée pour :

  o des sous-modèles caractérisant un seul type de formes manuscrites,
  o des sous-modèles caractérisant différents types de formes manuscrites.

On commence par l'exemple de la lettre arabe « HA », générée par un scripteur (1). L'application des signaux IEMG relatifs à cette lettre, à la structure multimodèle directe proposée montre une importante concordance avec les données expérimentales, figure III. 9. La bibliothèque est constituée de sous-modèles caractérisant différents exemples de la lettre « HA », écrites par le même scripteur (1).

La lettre obtenue pour une fonction de validité renforcée, relations (III. 20) et (III. 21), arrive à mimer le mouvement de la pointe du stylo dans le plan (x,y) avec plus de précision par rapport à la lettre obtenue par la fonction de validité simple, (III. 18) et (III. 19). Ceci est remarquable surtout à la fin de la trace produite par la structure proposée, où les deux courbes (réponse du modèle et données expérimentales) sont quasiment confondues, figure III. 9.

Chapitre III

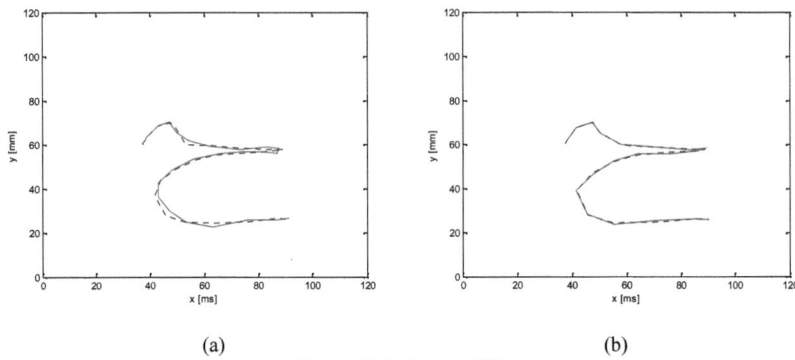

(a)   (b)

Figure III. 9. Lettre « HA »
Réponse de la structure multimodèle basée sur le calcul de la vitesse
Cas monoscripteur et sous-modèles représentant le même type de formes graphiques
(a) fonction de validité simple, (b) fonction de validité renforcée

Afin de reproduire la forme géométrique « cercle 1 », la figure III. 11 est obtenue pour une bibliothèque constituée de sous-modèles caractérisant différents exemples de la trace « cercle 1 » et d'autres sous-modèles défini pour différentes forme géométriques (cercle 2, triangle 1 et triangle 2).

La fonction de validités, équations (III. 16) et (III. 17), a raffiné la lettre produite par la structure multimodèle proposée pour une fonction de validité simple, (III. 16) et (III. 18), figure III. 10.

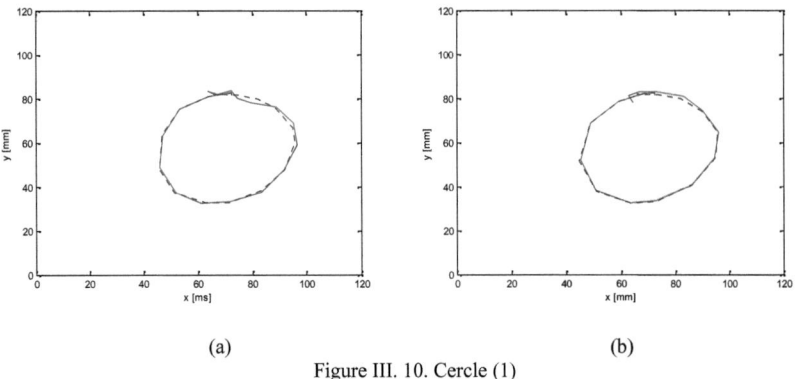

(a)   (b)

Figure III. 10. Cercle (1)
Réponse de la structure multimodèle basée sur le calcul de la vitesse
Cas monoscripteur et sous-modèles représentant différentes formes graphiques
(a) fonction de validité simple, (b) fonction de validité renforcée

Chapitre III

Ce raffinement est observé dans toute la forme surtout dans la fin de cette forme, plus précisément pour les coordonnées de points qui vérifient ces conditions : $x \in [65\ 90]$, $y \in [50\ 80]$.

La génération de la lettre « SIN », à partir d'une bibliothèque formée de plusieurs sous-modèles qui définissent d'autres exemples de la lettre « SIN » produites par plusieurs scripteurs, est donnée dans la figure III. 11.

Pour une fonction de validité renforcée, la lettre reconstruite présente une meilleure conformité avec les données expérimentales surtout dans le troisième demi-cercle de la lettre considérée.

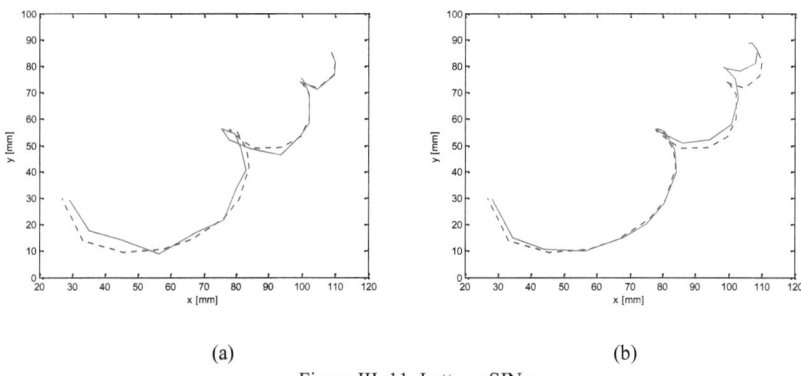

(a)   (b)

Figure III. 11. Lettre « SIN »
Réponse de la structure multimodèle basée sur le calcul de la vitesse
Cas multiscripteur et sous-modèles représentant le même type de formes graphiques
(a) fonction de validité simple, (b) fonction de validité renforcée

La figure III. 12, presente la réponse de la structure proposée pour la lettre arabe « AYN ». Cette réponse est obtenue pour une bibliothèque construite de sous-modèles représentant d'autres exemples de la lettre « AYN » et des sous-modèles définissant différentes formes manuscrites (ligne horizontale (1), cercle (2) et lettre arabe « HA »), écrites par plusieurs scripteurs.

La figure III. 12 (a), obtenue pour une fonction de validité simple, montre que dans ce cas, on arrive à reconnaitre la lettre avec une erreur considérable. Une meilleure concordance est illustrée par la figure III. 12 (b), obtenue pour une fonction de validité renforcée.

Chapitre III

L'amélioration est observée essentiellement dans la petite ellipse qui représente l'intersection des deux grands demi-cercles de la lettre considérée, ainsi que dans la fin du premier demi-cercle et le début du deuxième demi-cercle qui présente une courbure importante.

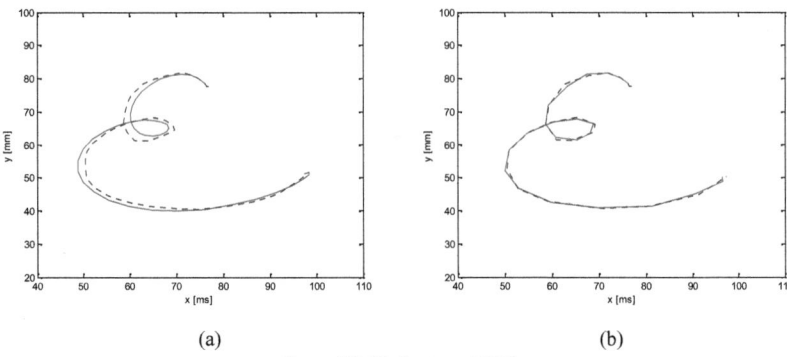

(a)   (b)

Figure III. 12. Lettre « AYN »
Réponse de la structure multimodèle basée sur le calcul de la vitesse
Cas multiscripteur et sous-modèles représentant différentes formes graphiques
(a) fonction de validité simple, (b) fonction de validité renforcée

La caractérisation du système d'écriture à la main par approche multimodèle basée sur la vitesse de la pointe du stylo se déplaçant dans le plan (x,y), offre des réponses meilleures par rapport à la structure multimodèle basée sur le déplacement de la pointe du stylo. En effet, le modèle direct proposé arrive à reproduire une trajectoire manuscrite à partir des signaux électromyographiques intégrés de l'avant bras et en utilisant une bibliothèque constituée des sous-modèles, caractérisant le même type du manuscrit généré par le même scripteur ou par des scripteurs différents. Un accord acceptable entre les données expérimentales et la sortie de l'approche proposée, est obtenu pour des sous-modèles représentant différents types de formes manuscrites produites par un ou plusieurs scripteurs.

III.3.2.2. Structure multimodèles inverse proposée

En utilisant les informations fournies par l'approche expérimentale, ainsi que le modèle inverse, présentés dans le deuxième chapitre, nous proposons une structure multimodèle permettant de reconstituer les signaux IEMG de l'avant bras à partir de la vitesse d'une trace écrite, et ce afin de raffiner les résultats générés par le modèle inverse, figure III. 14. L'approche proposée est élaborée pour les deux types de validité que nous avons déjà utilisés, les validités simples et les validités renforcées.

Chapitre III

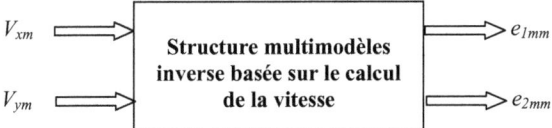

Figure III. 13. Entrées/ Sorties de la structure multimodèle inverse proposée à partir de la vitesse de la pointe du stylo

Le rôle de la vitesse de la pointe du stylo, calculée durant le processus d'écriture à la main, ainsi que l'importance des signaux électromyographiques de l'avant bras, nous conduisent à appliquer la structure multimodèle présentée dans la figure III. 2, pour affiner les résultats proposés par le modèle inverse du deuxième chapitre.

L'approche multimodèle caractérisant les signaux IEMG est constituée par une bibliothèque de sous-modèles. Chaque sous-modèle (i) génère un couple de signaux électromyographiques, e_{1vi} et e_{2vi}, à partir des vitesses de la pointe du stylo selon l'axe des x et des y, V_{xi} et V_{yi}.
Les entrées, V_{xm} et V_{ym}, sont appliquées à chaque sous-modèle de la bibliothèque.

On définit :

V_{xi} et V_{yi} : les vitesses de la pointe du stylo, entrées réelles du sous-modèle (i),

e_{1vi} et e_{2vi} : deux signaux électromyographiques, sorties réelles du sous-modèle (i), suite à l'application des entrées réelles, V_{xi} et V_{yi}, au sous-modèle considéré,

e_{1mi} et e_{2mi} : deux signaux électromyographiques, sorties générées par le sous-modèle (i), suite à l'application des entrées, V_{xmm} et V_{ymm}, au sous-modèle considéré,

d_{1i} et d_{2i} : les distances euclidiennes entre les sorties réelles du sous-modèle (i), e_{1vi} et e_{2vi}, et les sorties e_{1mi} et e_{2mi} qui correspondent à l'application des entrées, V_{xmm} et V_{ymm}, au sous-modèle considéré,

μ_{1i} et μ_{2i} : les validités attribuées au sous-modèle (i) pour le calcul des sorties globales, e_{1mm} et e_{2mm}, respectivement.

Les distances sont calculées comme l'indique les relations (III. 30) et (III. 31).

$$d_{1i}(k) = \|e_{1mi}(k) - e_{1vi}(k)\| \qquad (III. 30)$$

$$d_{2i}(k) = \|e_{2mi}(k) - e_{2vi}(k)\| \qquad (III. 31)$$

III.3.2.2.1. Calcul des validités

La caractérisation du modèle inverse par l'approche multimodèle proposée, dans ce travail, repose sur le calcul des sorties du modèle global, e_{1mm} et e_{2mm}, par la technique de fusion des sorties de différents sous-modèles de la bibliothèque, pondérés par leurs validités respectives.

III.3.2.2.1.1. Méthode des résidus simples

Les confiances normalisées du modèle sont exprimées par les relations (III. 32) et (III. 33).

$$\mu_{1i}(k) = 1 - \frac{d_{1i}(k)}{\sum_{j=1}^{n} d_{1j}(k)} \qquad (III.\ 32)$$

$$\mu_{2i}(k) = 1 - \frac{d_{2i}(k)}{\sum_{j=1}^{n} d_{2j}(k)} \qquad (III.\ 33)$$

III.3.2.2.1.2. Méthode des résidus renforcés

Les validités renforcées, μ_{1i}^{r} et μ_{2i}^{r}, sont données par les relations (III. 34) et (III. 35).

$$\mu_{1i}^{r}(k) = \left(1 - \frac{d_{1i}(k)}{\sum_{j=1}^{n} d_{1j}(k)}\right) \prod_{j=1}^{n} \left(e^{-\left(\frac{\frac{d_{1i}(k)}{\sum_{j=1}^{n} d_{1j}(k)}}{\sigma}\right)^{2}} \right) \qquad (III.\ 34)$$

$$\mu_{2i}^{r}(k) = \left(1 - \frac{d_{2i}(k)}{\sum_{j=1}^{n} d_{2j}(k)}\right) \prod_{j=1}^{n} \left(e^{-\left(\frac{\frac{d_{2i}(k)}{\sum_{j=1}^{n} d_{2j}(k)}}{\sigma}\right)^{2}} \right) \qquad (III.\ 35)$$

μ_{1i}^{r} et μ_{2i}^{r} sont les coefficients de validités selon les signaux IEMG$_1$ et IEMG$_2$, respectivement.

σ est un paramètre de réglage ; dans notre cas il est choisi égal à 0,5.

III.3.2.2.2. Calcul des sorties et validation de la structure proposée

Les relations (III. 36) à (III. 39) expriment les sorties, e_{1mm} et e_{2mm}, calculées par la fonction de validité simple.

$$e_{1mm}(k) = \sum_{i=1}^{n} \left(1 - \frac{d_{1i}(k)}{\sum_{j=1}^{n} d_{1j}(k)}\right) e_{1vi}(k) \qquad \text{(III. 36)}$$

$$e_{2mm}(k) = \sum_{i=1}^{n} \left(1 - \frac{d_{2i}(k)}{\sum_{j=1}^{n} d_{2j}(k)}\right) e_{2vi}(k) \qquad \text{(III. 37)}$$

en d'autres termes:

$$e_{1mm}(k) = \sum_{i=1}^{n} \mu_{1i}(k) e_{1vi}(k) \qquad \text{(III. 38)}$$

$$e_{2mm}(k) = \sum_{i=1}^{n} \mu_{2i}(k) e_{2vi}(k) \qquad \text{(III. 39)}$$

En utilisant la fonction d'activation renforcée les expressions des sorties, il vient les expressions de e_{1mm} et V_{2mm}.

$$e_{1mm}(k) = \sum_{i=1}^{n} \left(1 - \frac{d_{1i}(k)}{\sum_{j=1}^{n} d_{1j}(k)}\right) \prod_{j=1}^{n} \left(1 - e^{-\left(\frac{d_{1i}(k)}{\sum_{j=1}^{n} d_{1j}(k)}\right)^2 / \sigma}\right) e_{1vi}(k) \qquad \text{(III. 40)}$$

$$e_{2mm}(k) = \sum_{i=1}^{n} \left(1 - \frac{d_{2i}(k)}{\sum_{j=1}^{n} d_{2j}(k)}\right) \prod_{j=1}^{n} \left(1 - e^{-\left(\frac{d_{2i}(k)}{\sum_{j=1}^{n} d_{2j}(k)}\right)^2 / \sigma}\right) e_{2vi}(k) \qquad \text{(III. 41)}$$

en d'autres termes :

$$e_{1mm}(k) = \sum_{i=1}^{n} \mu_{1i}^{r}(k) e_{1vi}(k) \qquad \text{(III. 42)}$$

$$e_{2mm}(k) = \sum_{i=1}^{n} \mu_{2i}^{r}(k) e_{2vi}(k) \qquad \text{(III. 43)}$$

Chapitre III

La même stratégie de test et de validité de la partie (III.3.2.1.3) est utilisée pour reconstituer les signaux électromyographiques responsables de la production de la lettre arabe « AYN », dans la première analyse, les sous-modèles de la bibliothèque représentent des signaux IEMG caractérisant des formes manuscrites produites par la même personne. Les résultats de cette analyse sont donnés dans la figure III. 14.
Les résultats sont meilleurs dans le cas d'une fonction de validité renforcée.

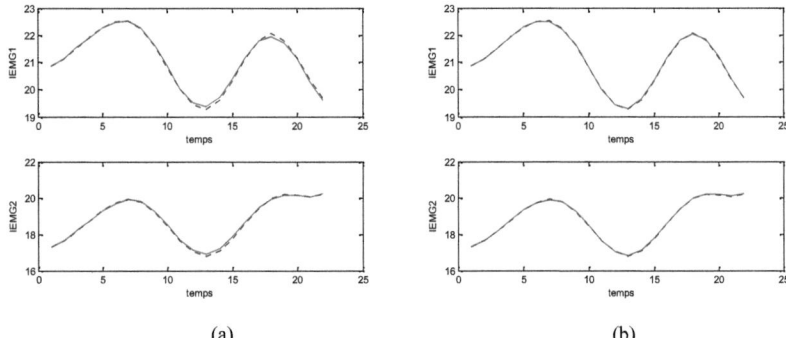

(a) (b)
Figure III. 14. Reconstitution des signaux IEMG
par la structure multimodèle basée sur le calcul de la vitesse
Cas monoscripteur et sous-modèles élaborés pour le même type de formes graphiques
(a) fonction de validité simple, (b) fonction de validité renforcée

La figure III. 15 montre une correspondance importante pour les deux types de validité, simple et renforcée, pour le cas où les sous-modèles de la base caractérisent les signaux de différents types de traces écrites par le même scripteur.

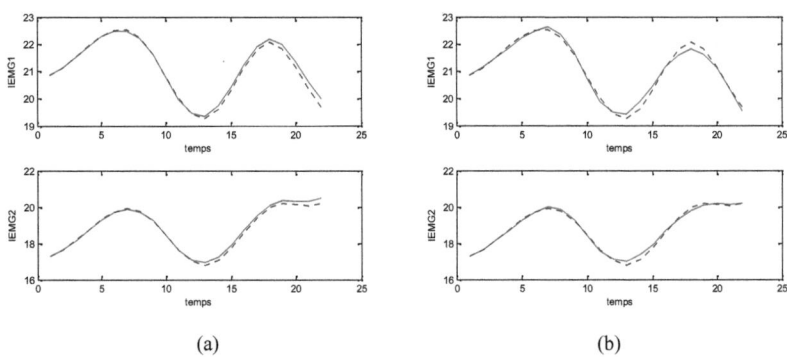

(a) (b)
Figure III. 15. Reconstitution des signaux IEMG
par la structure multimodèle basée sur le calcul de la vitesse
Cas monoscripteur et sous-modèles élaborés pour différentes formes graphiques
(a) fonction de validité simple, (b) fonction de validité renforcée

Chapitre III

Les réponses obtenues pour une structure basée sur le calcul de validités renforcées arrivent à reconstruire les activités musculaires de l'avant bras, responsables de la production du manuscrit, avec une précision plus importante, par rapport aux fonctions de validités simples. Ces conclusions sont aussi tirées dans le cas où les sous-modèles caractérisent des signaux IEMG définissant le même type de traces graphiques élaborées par différents scripteurs, figure III. 16.

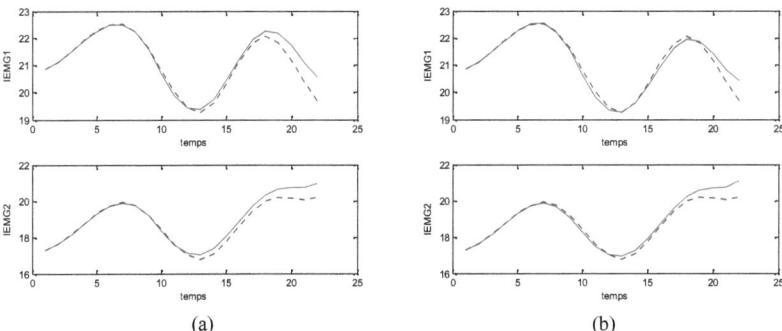

(a)   (b)
Figure III. 16. Reconstitution des signaux IEMG
par la structure multimodèle basée sur le calcul de la vitesse
Cas multiscripteur et sous-modèles élaborés pour le même type de formes graphiques
(a) fonction de validité simple, (b) fonction de validité renforcée

La dernière analyse consiste à proposer une base de modèles constituée de sous-modèles relatifs aux différents types de manuscrits générés par différentes personnes. Les fonctions de validités renforcées donnent toujours une meilleure concordance entre la réponse de la structure multimodèle inverse proposée et les données expérimentales, figure III. 17.

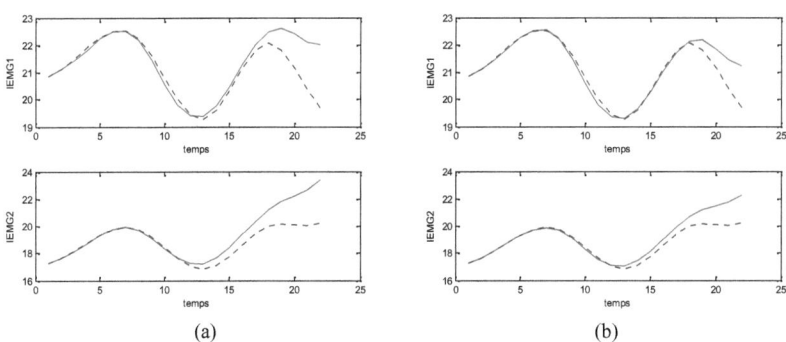

(a)   (b)
Figure III. 17. Reconstitution des signaux IEMG
par la structure multimodèle basée sur le calcul de la vitesse
Cas multiscripteur et sous-modèles élaborés pour différentes formes graphiques
(a) fonction de validité simple, (b) fonction de validité renforcée

Le modèle inverse par approche multimodèle, basée sur le calcul des vitesses, permet de reconstituer les activités musculaires relatives à deux muscles de l'avant bras intervenant dans l'acte de la production des traces manuscrites. Cette structure a été testée pour différentes bibliothèques. En effet, la base de sous-modèles, élaborée pour des signaux IEMG relatifs à un seul type de trace écrite par un même scripteur montre un accord remarquable entre les signaux reconstitués et les données réelles. Cette concordance est conservée dans le cas où la bibliothèque contient des sous-modèles appartenant à différentes formes générées par un seul scripteur.

Dans le cas des sous-modèles, développés pour des traces graphiques de même forme mais produites par plusieurs scripteurs, une erreur plus au moins négligeable est apparue entre les deux réponses. Cette erreur devient considérable dans le cas où les sous-modèles sont obtenus à partir des signaux IEMG présentant différents types et formes de graphes écrits par différentes personnes.

La structure multimodèle inverse a été testée pour deux fonctions de validités, basées sur le calcul des résidus, simple et renforcée. Les réponses utilisant la méthode renforcée sont plus raffinées que celles obtenues par la fonction simple.

III.4. Analyse et Discussion

Dans cette partie, nous allons comparer les réponses de différents modèles proposés durant ce travail, pour deux types de traces graphiques, à savoir la lettre arabe « SIN » et la forme géométrique « triangle 1 ». Ces deux traces présentent deux formes différentes de manuscrit, la première est une lettre produite par un scripteur (1) qui n'est pas habitué à écrire ce type de forme, ce qui influe sur la vitesse de la production de cette lettre qui peut être considérée comme la trace la plus complexe de la base expérimentale proposée. La deuxième forme proposée est un triangle fermé dans un mouvement vers la droite, ce mouvement présente le sens préférentiel d'un deuxième scripteur (2), habitué à écrire de la gauche vers la droite. La vitesse de cette forme géométrique est certainement plus élevée que celle de la lettre arabe proposée. Ces deux formes sont totalement différentes, la lettre « SIN » est constituée de trois demi-cercles, deux petites et une plus grande par contre le triangle est constitué de trois angles aigus.

Un exemple de la lettre « SIN », obtenu à partir du modèle basé sur la position de la pointe du stylo, proposé dans le deuxième chapitre, est donné dans la figure III. 19. En utilisant le principe de validation proposé dans les parties (II.3.2.2.2) et (II.3.2.1.3), les résultats de

Chapitre III

validation des modèles, basées sur la position et sur la vitesse de la pointe du stylo dans le cas monoscripteur et multiscripteur, sont donnés dans les figures III. 18 et III. 19. Notons que les structures multimodèles proposées dans cette analyse sont fondées sur le calcul des validités renforcées.

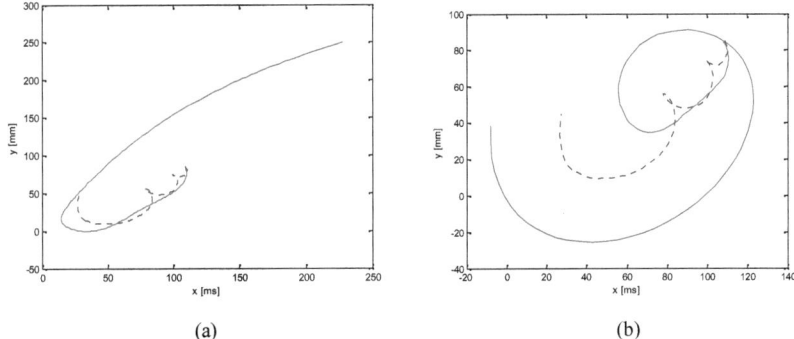

(a)   (b)

Figure III. 18. Lettre arabe « SIN »
Validation du modèle basé sur la position de la pointe du stylo
(a) cas monoscripteur, (b) cas multiscripteur

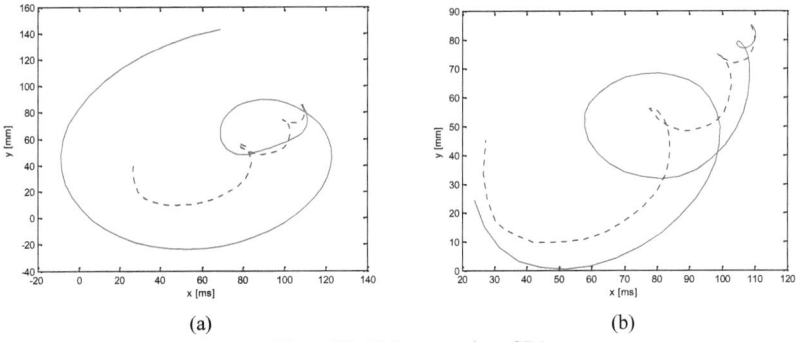

(a)   (b)

Figure III. 19. Lettre arabe « SIN »
Validation du modèle basé sur la vitesse de la pointe du stylo
(a) cas monoscripteur, (b) cas multiscripteurs

La structure multimodèle basée sur une bibliothèque élaborée à partir de la position de la pointe du stylo, propose un modèle général qui arrive à caractériser la trace graphique « SIN », générée par une personne donnée à partir de plusieurs sous-modèles définissant d'autres exemples de cette lettre. Cette structure montre, également, une concordance dans le cas où les sous-modèles correspondent à différentes traces manuscrites (lettre « SIN », lettre « AYN », trait vertical (1) et cercle (2)), figure III. 20.

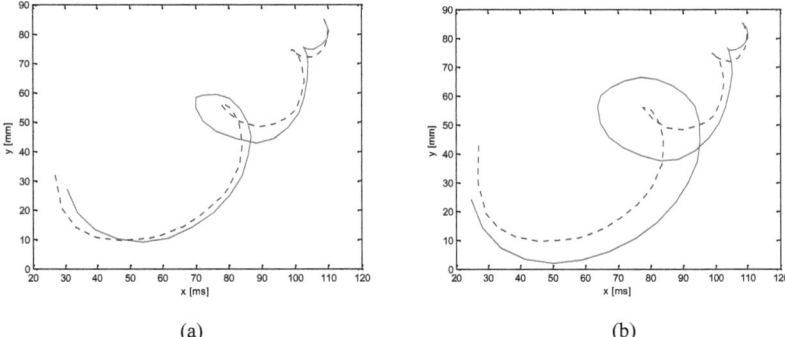

(a)   (b)

Figure III. 20. Lettre arabe « SIN »
Réponses de la structure multimodèle
basée sur la position de la pointe du stylo, cas monoscripteur
(a) base de sous-modèles représentant le même type de trace, (b) base de sous-modèles représentant différents types de traces

Une amélioration de ces réponses est observée dans la figure III. 21, qui représente les sorties de la structure multimodèle basée sur la vitesse de la pointe du stylo. Cette structure offre une correspondance avec la trajectoire réelle dans le cas d'une bibliothèque de sous-modèles présentant différents scripteurs, figure III. 22.

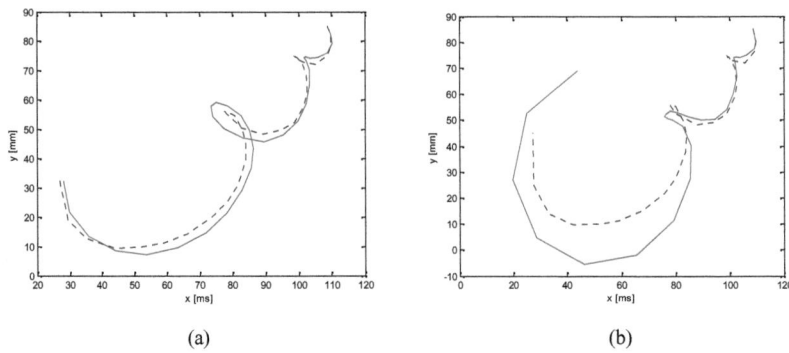

(a)   (b)

Figure III. 21. Lettre arabe « SIN »
Réponses de la structure multimodèle
basée sur la vitesse de la pointe du stylo, cas monoscripteur
(a) base de sous-modèles représentant le même type de trace, (b) base de sous-modèles représentant différents types de traces

Chapitre III

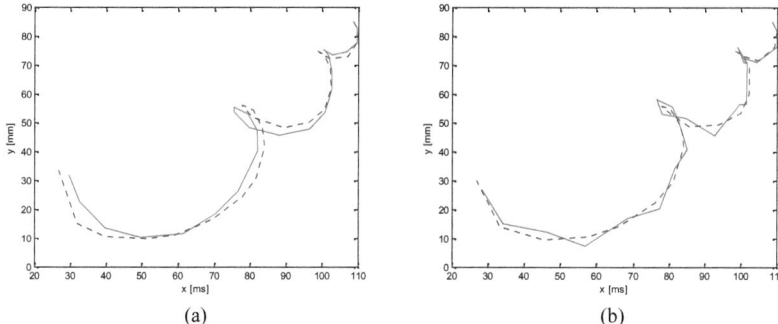

(a)   (b)

Figure III. 22. Lettre arabe « SIN »
Réponses de la structure multimodèle
basée sur la vitesse de la pointe du stylo, cas multiscripteur
(a) base de sous-modèles représentant le même type de trace, (b) base de sous-modèles représentant différents types de traces

En résumé, les figures de III. 18 jusqu'à III. 22 montrent que les meilleurs résultats sont obtenus pour des structures basées sur le calcul de la vitesse de la pointe du stylo. Les structures multimodèle proposées minimisent les erreurs entre ses réponses et celles relatives aux données enregistrées et arriveraient à proposer des modèles généraux caractérisant un seul ou même plusieurs scripteurs.

Ces résultats et conclusions sont confirmés par les figures III. 23 jusqu'à III. 27, montrant la trace graphique (triangle (1)) générée par les différentes structures d'identification proposées dans nos travaux.

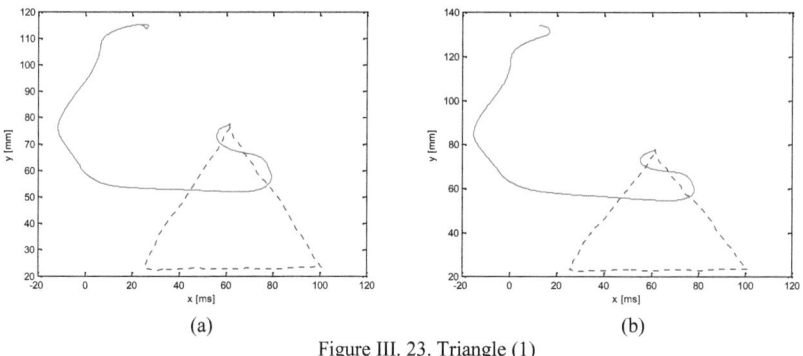

(a)   (b)

Figure III. 23. Triangle (1)
Validation du modèle basé sur la position de la pointe du stylo
(a) cas monoscripteur, (b) cas multiscripteur

Chapitre III

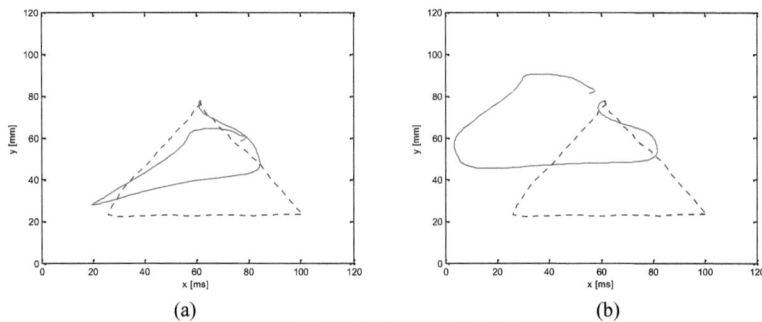

(a) (b)

Figure III. 24. Triangle (1)
Validation du modèle basé sur la vitesse de la pointe du stylo
(a) cas monoscripteur, (b) cas multiscripteur

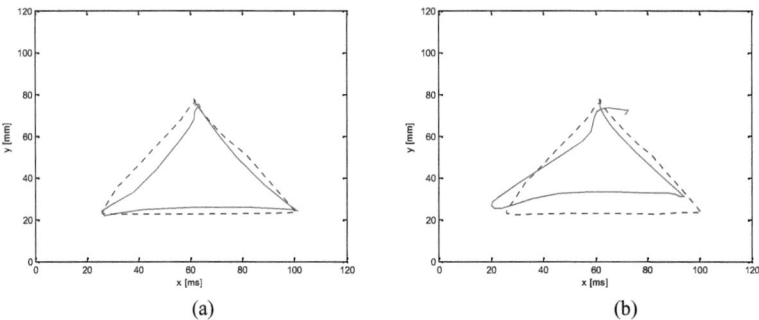

(a) (b)

Figure III. 25. Triangle (1)
Réponses de la structure multimodèle
basée sur la position de la pointe du stylo, cas monoscripteur
(a) base de sous-modèles représentant le même type de trace, (b) base de sous-modèles représentant différents types de traces

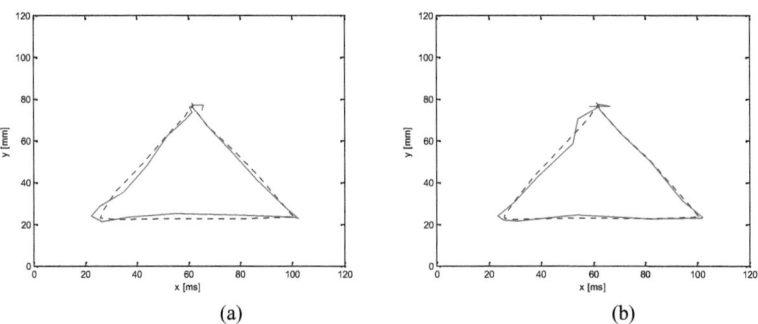

(a) (b)

Figure III. 26. Triangle (1)
Réponses de la structure multimodèle
basée sur la vitesse de la pointe du stylo, cas monoscripteur
(a) base de sous-modèles représentant le même type de trace, (b) base de sous-modèles représentant différents types de traces

Chapitre III

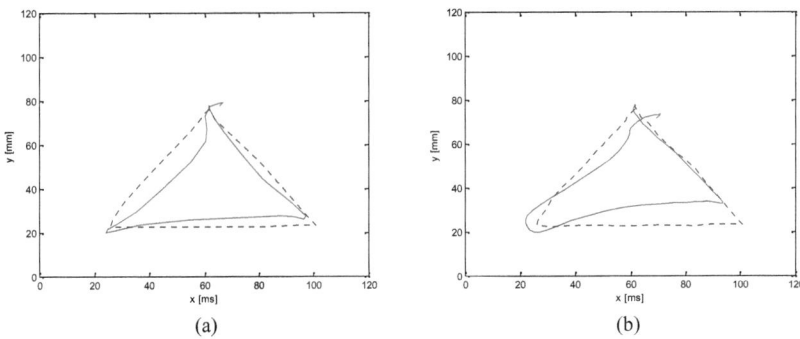

(a)   (b)

Figure III. 27. Triangle (1)
Réponses de la structure multimodèle
basée sur la vitesse de la pointe du stylo, cas multiscripteur
(a) base de sous-modèles représentant le même type de trace, (b) base de sous-modèles représentant différents types de traces

III.5. Conclusion

Dans ce chapitre, des approches de modélisation multimodèle ont été proposées. Ces approches reposent sur l'exploitation de données expérimentales et des modèles caractérisant le processus d'écriture à la main, proposés dans le deuxième chapitre.

En se basant sur les coordonnées de la pointe du stylo, la première structure multimodèle est élaborée afin de proposer un modèle unique pour plusieurs traces graphiques (lettres arabes et formes géométriques) produites par un seul scripteur.

Basées sur le calcul des vitesses selon les axes x et y, deux structures multimodèle, directe et inverse, sont élaborées dans le présent chapitre. La première reproduit des formes manuscrites et la deuxième reconstitue les signaux IEMG de deux muscles de l'avant bras. Ces deux approches offrent des réponses meilleures par rapport à la structure multimodèle basée sur le déplacement de la pointe du stylo. Elles sont testées et validées dans le cas monoscripteur et multiscripteur et pour des bibliothèques constituées des sous-modèles représentant le même type ou différents types de manuscrits. Pour les deux structures, ces tests montrent une correspondance entre les données expérimentales et les sorties calculées par chaque structure.

Deux fonctions de validités ont été utilisées pour le l'élaboration des sorties multimodèle. Ces fonctions, simple et renforcée, sont basées sur le calcul des résidus. Les réponses utilisant la méthode renforcée sont plus raffinées que celles obtenues par la fonction simple.

Conclusion générale

L'étude du processus d'écriture à la main et l'élaboration d'un modèle analytique général caractérisant son comportement dynamique à partir des signaux électromyographiques (IEMG), constituent les principales contributions de nos travaux de recherche. En effet, cette étude est fondée sur les méthodes et les concepts de modélisation et d'identification des processus ainsi que les outils nécessaires à l'élaboration d'une nouvelle structure multimodèle.

La complexité de l'acte de l'écriture nécessite l'analyse de différents systèmes intervenant lors de la génération de la trace graphique, à savoir l'anatomie de la main et de l'avant bras, le système nerveux, le système main-stylo, la position de la pointe de stylo dans le plan de l'écriture, etc.

Un grand intérêt est porté par plusieurs chercheurs pour la modélisation et la commande du processus d'écriture à la main, sur la base de l'élaboration de différents modèles conventionnels et non conventionnels déjà élaborés dans la littérature.

Des travaux antérieurs ont permis l'acquisition d'une expérience permettant d'obtenir une base d'exemples contenant des enregistrements de coordonnées de lettres arabes et de formes géométriques et les signaux EMG des muscles intervenant lors de l'acte d'écriture.

L'exploitation de l'algorithme d'identification des moindres carrés récursifs a permis de proposer trois structures mathématiques caractérisant le processus d'écriture à la main. La première génère des traces graphiques à partir des coordonnées de la pointe du stylo se déplaçant sur le plan (x,y). La deuxième structure caractérise un modèle direct en utilisant la vitesse pour reconstituer des formes manuscrites. La troisième structure mathématique représente un modèle inverse qui utilise également le calcul des vitesses de la pointe du stylo afin de générer les signaux électromyographiques intégrés.

Dans le but d'élaborer un modèle général, valide aussi bien dans le cas monoscripteur que multiscripteur, et pour plusieurs types de traces manuscrites, une nouvelle stratégie de modélisation par approche multimodèle a été proposée afin de surmonter les limitations des trois modèles élaborés. Basés sur la trajectoire d'une trace graphique ou sur la vitesse, ces modèles sont exploités pour la construction de trois approches multimodèle. La première est proposée pour des sous-modèles définis à partir des coordonnées de la pointe du stylo. La deuxième approche repose sur une bibliothèque de sous-modèles basés sur la vitesse. La troisième approche multimodèle est proposée pour la reconstitution des signaux IEMG de l'avant bras, en utilisant les modèles qu'on a déjà élaborés.

Les différentes approches multimodèles sont testées et validées pour deux types de fonctions de validités, simple et renforcée, basés sur le calcul des résidus. En effet, la deuxième fonction offre des résultats plus proches des données expérimentales par rapport à la fonction de validité simple.

Les résultats de tests et de validation sont satisfaisants surtout dans le cas de modèles fondés sur les vitesses de la pointe du stylo selon les axes x et y. Dans ce cas, l'approche multimodèle offre un modèle général pour différents types du manuscrit et pour différents scripteurs.

La nouvelle stratégie proposée par approche multimodèle s'est relevée concluante. Il est intéressant de poursuivre les études dans le but d'améliorer les modèles proposés.

En effet, l'écriture d'un mot arabe sans ses diacritiques, donne sa forme, mais pas encore sa prononciation, ni même parfois tout son sens. Les signes diacritiques de notre alphabet arabe (dammah, fatha, kasra, chadda) sont si nombreux que même en écrivant à la main, ils ralentissent la vitesse d'écriture et nécessitent de lever la main pratiquement à chaque lettre pour les ajouter. Dans ce cas, la modélisation de l'acte d'écriture manuscrite nécessite l'étude de ce processus dans l'espace tridimensionnel. Il serait donc intéressant de poursuivre nos travaux de recherche dans ce sens.

Bibliographie

[Abdelkrim et al, 2000] : A. Abdelkrim, M. Benrejeb, F. Bouslama et M.Sano
Approches neuronales proposées pour l'étude du système d'écriture à la main, JSFT Conférence, Monastir, 2000.

[Abdelkrim et al, 2001] : A. Abdelkrim, M. Benrejeb et M. Sano
PAW handwriting neural system, ICCCP'01, IEE/IEEE Conférence, pp. 207-211, Muscat, 2001.

[Abdelkrim, 2005] : A. Abdelkrim
Contribution à la modélisation du processus d'écriture à la main par approches relevant du calcul évolutif, Thèse de Doctorat, ENIT, Tunis, 2005.

[Abonyi et al, 2001] : J. Abonyi, R. Babuska et F. Szeifert
Fuzzy modeling with multivariate membership functions: Gray-Box identification and control design, IEEE Transactions on Systems, Man and Cybernetics, SMC, Vol. 31, N°5, pp. 755-767, 2001.

[Alimi et al, 1993]: M.A. Alimi et R. Plamondon
Parameter analysis of handwriting strokes generation models, Proc. International Conference on Handwriting, pp. 4-6, Paris, 1993.

[Alimi, 1995]: M.A. Alimi
Contribution au développement d'une théorie de génération de mouvements simples et rapides. Application au manuscrit, Thèse de Doctorat, Université de Montréal, Canada, 1995.

[Alimi, 1998]: M.A. Alimi
What are the advantage of using bêta neuro-fuzzy system?, Proc. IEEE/IMACS, Multiconference on Computational Engineering in Systems Applications: CESA'98, Vol. 2, pp. 339-344, Hammamet, 1998.

[Astrom et al, 1971] : K. J. Astrom et P. Eykhoff
System identification-a survey, Automatica, Vol. 7, pp. 123-162, 1971.

Bibliographie

[Baruch et al, 2008] : I. S. Baruch, R. B. Lopez, J-L. Olivares et J-M. Flores
A fuzzy-neural multi-model for nonlinear systems identification and control, Fuzzy Sets and Systems, Vol, 159, pp. 2650-2667, 2008.

[Ben Abdennour et al, 2001] : R. Ben Abdennour, P. Borne, M. Ksouri et F. M'salhi
Identification et commande numérique des procédés industriels, Edition Technip, Paris, 2001.

[Benrejeb et al, 2000] : M. Benrejeb, F. Bouslama, M. Ayadi et M. Sano
Studying and modelling handwriting process, ACIDCA'2000 Conférence, Vision and Pattern Recognition, pp. 124-129, Monastir, 2000.

[Benrejeb et al, 2001] : M. Benrejeb, M. Sano et A. El Abed-Abdelkrim
Conventional and *non conventional models of the handwriting process: differential, neural and neuro-fuzzy approaches*, TIWSS'01, pp. 46-50, Tokyo, 2001.

[Benrejeb et al, 2002a] : M. Benrejeb et A. El Abed-Abdelkrim
Neuro-fuzzy model of the handwriting process, ICSDS'2002, pp. 157-160, Pékin, 2002.

[Benrejeb et al, 2002b] : M. Benrejeb et A. El Abed-Abdelkrim
Speed analysis of handwriting process models, SMC'02, Conférence IEEE, Hammamet, 2002.

[Benrejeb et al, 2003a] : M. Benrejeb, A. El Abed-Abdelkrim, S. Bel Hadj Ali et M. Gasmi,
A neuro-fuzzy internal model controller for handwriting process, CESA 2003, Lille, 2003.

[Benrejeb et al, 2003b] : M. Benrejeb, A. El Abed-Abdelkrim et S. Bel Hadj Ali
Handwriting process controlled by neural and neuro-fuzzy IMC approaches, ISCIII Conférence, pp. 16-20, Nabeul, 2003.

[Bernstein, 1967] : N. S. Bernstein
The co-ordination and regulation of movements, Pergamon Press, Oxford, 1967.

[Bezine et al, 2003] : H. Bezine, A. Alimi et N. Derbel
The generation of handwriting script with beta-elliptic model, SSD Conférence, Sousse, 2003.

Bibliographie

[Bezine et al, 2004] : H. Bezine, A. Alimi et N. Derbel
Sur la modélisation de l'écriture manuscrite par le modèle bêta-elliptique, JTEA Conférence internationale, Hammamet, 2004.

[Blanco, 2001] : Y. Blanco
Stabilisation des modèles Takagi-Sugeno et leur usage pour la commande des systèmes non-linéaires, Thèse de Doctorat, Université des Sciences et Technologies de Lille, 2001.

[Brely, 2003] : J. Brely
Commande multivariable de filière de production de fibres de verre, Thèse de Doctorat, Institut National Polytechnique de Grenoble, Laboratoire d'Automatique de Grenoble LAG (actuellement Gipsa-Lab), 2003.

[Bohlin, 1987] : T. Bohlin
Validation of identification models, Sytems and Control Encyclopedia:Theory, Technology, Applications, Vol. 7, pp. 4996-5001, edited by M. G Singh, pergamon, Press, Oxford, 1987.

[Borne et al, 1992 a] : P. Borne, G. Dauphin-Tanguy, J-P. Richard, F. Rotella et I. Zambettakis,
Modélisation et identification des processus, Tome 1, Technip, Paris, 1992.

[Borne et al, 1992 b] : P. Borne, G. Dauphin-Tanguy, J-P. Richard, F. Rotella et I. Zambettakis
Modélisation et identification des processus, Tome 2, Technip, Paris, 1992.

[Borne, 1998] : P. Borne
Introduction à la commande floue, Editions Technip, Paris, 1998.

[Chadli, 2002] : M. Chadli
Stabilité et commande de systèmes décrits par des multimodèle : approche LMI, Thèse de Doctorat, Institut National Polytechnique de Lorraine, 2002.

[Chihi et al, 2011] : I. Chihi, C. Ghorbel, A. Abdelkrim et M. Benrejeb
Parametric identification of handwriting system based on RLS algorithm, CCAS, Conférence IEEE, Seoul, Octobre, 2011.

[Chihi et al, 2012a] : I. Chihi, A. Abdelkrim and M. Benrejeb

Bibliographie

Analysis of handwriting velocity to identify handwriting processs from electromyographic signals, American Journal and Applied Sciences, AJAS, Vol. 9, N°10, pp. 1742-1756, 2012.

[Chihi et al, 2012b] : I. Chihi, A. Abdelkrim and M. Benrejeb
Reconstruction of electromyographic signals from pen-tip velocity, SOSE, Conférence IEEE Genova, Juillet, 2012.

[Chihi et al, 2012c] : I. Chihi, A. Abdelkrim and M. Benrejeb
Inverse handwriting velocity model to reconstruct electromyographic signals, Journal of Communication and Computer, JCC, 2012.

[Chihi et al, 2013] : I. Chihi, A. Abdelkrim and M. Benrejeb
RELS algorithm to identify handwriting process, Acceptée à l'Archive of Science Journal, ArchiveofScience, 2013.

[Chisci et al, 1993] : L. Chisci, L. Giarri et E. Mosca
Sidestepping the positive real condition in RELS via multiple RLS identifiers, Amomatica, Vol. 29, N°4, pp. 1145-1148, 1993.

[Cho et al, 2007] : J. Cho, J. C. Principe, D. Erdogmus et M. A. Motter
Quasi-sliding mode control strategy based on multiple-linear models, Neurocomputting, Vol. 70, pp. 960-974, 2007.

[Coulon, 1984] : F. de Coulon
Théorie et traitement des signaux, Presses Universitaires Polytechniques Romandes, Vol. 6, Lausanne, 1984.

[Delmotte, 1997] : F. Delmotte
Analyse multi-modèles, Thèse de Doctorat, Université des Sciences et Techniques de Lille, septembre, 1997.

[Djigan, 2006] : V. I. Djigan
Multichannel parallelizable sliding window RLS and fast RLS algorithms with linear constraints, Signal Processing, Vol. 86, pp. 776–791, 2006.

[Dooijes, 1983] : E. Dooijes
Analysis of handwriting movements, Acta Psychologica, Vol. 54, pp. 99-114, 1983

Bibliographie

[Domart et al, 1981] : A. Domart et J. Bourneuf
Nouveau Larousse Médical, Librairie Larousse, Paris, 1981.

[Dubois, 1995] : L. Dubois
Utilisation de la logique floue dans la commande des systèmes complexes, Thèse de Doctorat, Université des Sciences et Techniques de Lille, 1995.

[Edelman et al, 1987] : S. Edelman et T. Flash
A model of handwriting, Biological Cybernetics, Volume 57, pp. 25-36, Springer Verlag, 1987.

[El Abed-Abdelkrim et al, 2001] : A. El Abed-Abdelkrim, M. Benrejeb, M. Sano
Intégration de l'expertise humaine dans la synthèse d'une commande floue d'un système d'écriture à la main, JS'2001, Tome II, pp. 129-133, Borj El Amri, 2001.

[Elfelly, 2010] : N. Elfelly
Approche neuronale de la représentation et de la commande multimodèle de processus complexes, Thèse de Doctorat, Ecole Centrale de Lille, 2010.

[Faller et al, 1970] : A. Faller, P. Sprumont et M. Schunke
Le corps humain, Edition De Boeck, Paris, 1970.

[Favier, 1982] : G. Faller
Filtrage, modélisation et identification des systèmes linéaires à temps discret, Edition De CNRS, Paris, 1982.

[Feliot, 1997] : C. Feliot,
Modélisation des systèmes complexes : Intégration et formalisation de modèles, Thèse de Doctorat, Université des Sciences et Technologies de Lille, 1997.

[File 91] : D. Filev
Modelling of complex systems, International Journal of Approximate Res., Vol. 5, pp. 281-290, 1991.

[Gerves, 1973] : M. Gerves et T. Kailath

Bibliographie

An innovation approach to least-squares estimation-part VI: Discrete-time innovations representations and recursive estimation. IEEE Transactions on Automayic Control, Vol. 18, N° 6, pp. 720-727, Décembre, 1973.

[Gertler et al 1974] : J. Gertler et C. BinyBsz
A recursive (on-line) maximum likelihood identification method, IEEE Transactions on Auromatic Control, Vol. 19, pp. 816-820, 1974.

[Hermann et al, 1968] : H. Hermann et J. F Cier
Précis de physiologie : Système nerveux central, Tome II, Edition Masson et Cie, Paris, 1968.

[Iguider et al, 1995] : Y. Iguider et M. Yasuhara
Extracting control pulses of handwriting movement, Trans. of the Soc. Inst. and Cent., Eng., Vol. 31, N°8, pp. 1175-1184, Japon, 1995.

[Iguider et al, 1996] : Y. Iguider, M. Yasuhara
An active recognition pulses of handwriting isolated Arabic characters, Transaction of the Soc. Inst. and Cont., Eng., Vol. 32, N°8, pp. 1267-1276, Japon, 1996.

[Joha et al, 2000] : T. A. Johansen, R. Shorten et R. Murray-Smith,
On the interpretation and identification of dynamic Takagi-Sugeno fuzzy models, IEEE Trans. on Fuzzy Systems, Vol. 8, N°3, pp. 297-312, 2000.

[Joha et al, 2003] : T. A. Johansen et R. Babuska
Multiobjective identification of Takagi-Sugeno fuzzy models, IEEE Transaction. on Fuzzy Systems, Vol. 11, N°6, pp. 847-860, 2003.

[Joo, 2002] : M. G. Joo et J. S. Leeb
Universal approximation by hierarchical fuzzy system with constraints on the fuzzy rule, Fuzzy Sets and Systems, Vol. 130, pp. 175-188, 2002.

[Kamoun, 1994] : M. Kamoun
Modélisation, identification et commande adaptative décentraliséede processus discrets de grande dimension, Thèse de Doctorat d'état en Génie Electrique, ENIS, Tunis, 1994.

[Kamoun et al, 2001] : M. Kamoun et S. Kamoun

Aperçu sur les méthodes récursives d'identification paramétrique des systèmes, Séminaire Tunisien d'Automatique (STA), Douze, novembre, 2001.

[Kardous Khaldi, 2004] : Z. Kardous Khaldi
Sur la modélisation et la commande des processus complexes et/ou incertains, Thèse de Doctorat, Ecole Centrale de Lille, 2004.

[Konté, 2010] : C. S. Konté
Modélisation de l'atténuation du signal EMG diaphragmatique de surface, Thèse de Doctorat, Université de Grenoble, 2010.

[Ksouri-Lahmari, 1999] : M. Ksouri-Lahmari
Contributions à la commande multimodèle des processus complexes, Thèse de Doctorat, Université des Sciences et Techniques de Lille, 1999.

[Ksouri-Lahmari et al, 2004] : M. Ksouri-Lahmari, P. Borne et M. Benrejeb
Multimodel : the construction of model bases, Studies in Informatics and Control, Vol. 3, pp. 199-210, 2004.

[Kukolj et al, 2004] : D. Kukolj et E. Levi
Identification of Complex Systems Based on Neural and Takagi-Sugeno Fuzzy Model, IEEE Trans. on Systems, Man, and Cybernetics, Part B, Vol. 34, N°1, pp. 272-282, 2004

[Landau, 1993] : I. D. Landau
Identification et commande des systèmes, Hermès, Paris, 1993.

[Landau et al, 1997] : I. D. Landau et A. Karimi
Recursive algorithms for identification in closed loop: A unified approach and evaluation. Automatica, Vol 33, N° 8, pp. 1499 – 1523, 1997.

[Larminat, 1977] : P. Larminat et Y. Thomas
Automatique des Systèmes Linéairesu-Identification, Flammarion Sciences, Paris, 1977.

[Laroche, 2007] : E. Laroche
Identification et Commande Robuste de Systèmes Electromécaniques, Habilitation à Diriger des Recherches. Université Louis Pasteur de Strasbourg, 2007.

Bibliographie

[Ljung et al, 1987] : L. Ljung et T. Glad
Modeling of dynamic systems, Peantice-Hall, Inc., Upper Saddle River, NJ, USA, 1987.

[Mac Donald, 1964] : J.S. Mac Donald,
Experimental studies of handwriting signals, PhD Dissertation, Mass. Inst. of Tech., Cambridge, 1964.

[Manioudakis et al, 2001] : G. D. Manioudakis, E. N. Demiris, S. D. Likothanassis
A self organised neural network based on the multimodel partitioning theory, Neurocomputing, Vol. 37, pp. 1-29, 2001.

[Merton, 1972] : P. A. Merton
How we control the contraction of our muscles?, Scientific American, Vol. 226, pp. 30-37, 1972.

[Meulenbroek et al, 1991] : R. G. J. Meulenbroek et A. J. W. M. Thomassen
Stroke-direction preferences in drawing and handwriting, Human Movement Science, Vol. 10, pp. 247-270, 1991.

[Mezghani, 2000] : S. Mezghani
Approche multimodèle pour la determination d'une commande discrete d'un système incertain, Thèse de Doctorat, Université des Sciences et Techniques de Lille, 2000.

[Morère, 2001] : Y. Morère
Mise en œuvre de lois de commande pour les modèles flous de type Takagi-Sugeno, Thèse de Doctorat, Université de Valenciennes et du Hainaut-Cambresis, France, 2001.

[Murray-Smith et al, 1997] : R. Murray-Smith, T.A. Johansen
Multiple model approaches to modeling and control, Taylor and Francis, Oxford, 1997

[Naranda et al, 1995] : K.S. Narenda, J. Balakarishman et M. K. Ciliz
Adaptation and learning using multiple models, switching and tuning, IEEE Control Systems Magazine, Vol. 15, pp. 37-51, 1995.

[Naranda et al, 1997] : K. S. Narenda, J. Balakarishman
Adaptative control using multimple models, switching, and tuning, IEEE Transactions on Automatic Control, Vol. 42, pp. 171-187, 1997.

[Newell et al, 1989] : K. M. Newell et R. E. A. Van Emmerik,
The acquisition of coordination: Preliminary analysis of learning to write. Human Movement Science, Vol. 8, pp.17-32, 1989.

[Oria et al, 1970] : M. Oria et J. Raffin
Anatomie, physiologie, hygiène, Ed. Hatier, Paris, 1970.

[Plam et al, 2004] : R. Palm et P. Bergstern
Sliding mode observer for a Takagi Sugeno fuzzy system, The 19th IEEE International Conference on Fuzzy Systems, Vol. 2, pp. 665-670, Texas, 2000.

[Plamondon, 1987] : R. Plamondon
What does differential geometry tell us about handwriting generation?, Proc. of the Third International Symposium on Handwriting and Computer Applications, Montréal, pp. 11-13, 1987.

[Plamondon, 1991] : R. Plamondon
Dependence of peripheral and central parameters describing handwriting generation on movement direction, Human Movement Science Vol. 10, pp. 193-221, North-Holland, 1991.

[Plamondon et al, 1993] : R. Plamondon et M. A. Alimi
Modelling velocity profiles of rapid movements: a comparative study, Biological Cybernetics, Vol. 69, pp. 119-128, 1993.

[Plamondon, 1995a] : R. Plamondon
A kinematics theory of rapid human movements. Part I : Movement representation and generation, Biological Cybernetics, Vol. 72, pp. 295-307, 1995.

[Plamondon, 1995b] : R. Plamondon
A kinematics theory of rapid human movements. Part II : Movement time and control, Biological Cybernetics, Vol. 72, pp. 309-320, 1995.

[Principe et al, 1998] : J. C. Principe, L. Wang et M. A. Motter
Local dynamic modelling with self-organizing maps and application to nonlinear system identification and control, IEEE Proceeding, Vol. 86, pp. 2240-2258, 1998.

[Raju et al, 1991] : G. V. S. Raju, J. Zhou et R. A. Kisner, *Hierarchical fuzzy control*, International Journal of Control, Vol. 54, pp. 1201-1216, 1991.

[Rouviere et al, 1968] : H. Rouvière, A. Delmas et V. Delmas *Anatomie humaine descriptive, topographique et fonctionnelle,* . Vol. 3, p 354, 1968, Editions Masson, Paris, 1968.

[Sallagoïty, 2004] : I. Sallagoïty *Dynamique de coordination spontanée de l'écriture*, Thèse de Doctorat, Université Toulouse III - Paul Sabatier, 2004.

[Sano et al, 2003] : S. Manabu, T. Kosaku et Y. Murata *Modeling of Human Handwriting Motion by Electromyographic Signals on Foream Muscles*, CCCT'03, Orlando-Florida, 2003.

[Selmic et al, 2001] : R. R. Selmic et F. L. Lewis *Multimodel neural networks identification and failure detection of non-linear systems,* IEEE Conference on Decision and Control, Vol. 4, pp. 3128-3133, 2001.

[Talmoudi et al, 2008] : S. Talmoudi, K. Abderrahim, R. Ben Abdennour et M. Ksouri *Multimodel approach using neural networks for complex systems modeling and identification*, Nonlinear Dynamics and System Theory, Vol. 8, pp. 299-316, 2008.

[Takagi *et al*, 1985] : T. Takagi et M. Sugeno *Fuzzy identification of systems and its applications to modeling and control*, IEEE Transactions on Systems, Man, and Cybernetics, Vol. 15, N° 1, pp. 116-132, 1985.

[Tanaka et al, 1996] : K. Tanaka, T. Ikeda et H. Wang *Robust stabilization of a class of uncertain nonlinear systems via fuzzy control: quadratic stabilizability, H control theory, and Linear Matrix Inequalities.* IEEE Transactions on Fuzzy Systems, Vol. 4, N°1, pp.1–13, 1996.

[Thomassen et al, 1993] : A. J. W. M. Thomassen, et R. G. J. Meulenbroek *Effects of manipulation horizontal progression in handwriting,* Acta Psychologica, Vol. 82, pp. 329-352, 1993.

Bibliographie

[Tutunji et al, 2007] : T. Tutunji, M. Molhim et E. Turki
Mechatronic systems identification using an impulse response recursive algorithm, Simulation Modelling Practice and Theory, Vol. 15, pp 970-988, 2007.

[Universalis, 1990] : Encyclopaedia Universalis, Tomes 14 et 16, Paris, 1990

[Van Der Gon et al, 1962] : D. Van Der Gon, J. P Thuring et J. Strackee
A handwriting simulator, Physics in Medical Biology, pp. 407-414, 1962.

[Viera et al, 2004] : J. J. Vieira, F. M. Dias et A. Mota
Artificial neural networks and neuro-fuzzy systems for modelling and controlling real systems: A comparative study, Engineering Applications of Artificial Intelligence, Vol. 17, pp. 265-273, 2004.

[Viviani et al, 1983] : P. Viviani et C. A. Terzuolo
The organization of movement in handwriting and typing, Language Production, Vol. 2, pp. 103-146, 1983.

[Wang et al, 2010] : D. Wang, Y. Chu et F. Ding
Auxiliary model-based RELS and MI-ELS algorithm for Hammerstein OEMA systems, Computers and Mathematics with Applications, Vol. 59, pp. 3092-3098, 2010.

[Wei et al, 2000] : C. Wei et L. X. Wang
A note on universal approximation by hierarchical fuzzy systems, Information Sciences, Vol. 123, pp. 241-248, 2000.

[Wong et al, 1967] : K. J. Wong et E. Polak
Identification of linear discrete-time systems using the in-strumental variable method, IEEE Transactions on Automatic Control, Vol. 12, pp. 707-718, 1967.

[Wu et al 99] : X. Wu et G. Campion
Fault detection and isolation of systems with slowly varying parameters-simulation with a simplified aircraft turbo engine model, Mechanical Systems and Signal Processing, Vol. 18, N°2, pp. 353-366, 2004.

[Yasuhara, 1975] : M. Yasuhara

Experimental studies of handwriting process, Rep. Univ. Electro-Comm., Vol. 25 N°2, pp. 233-254, Japon, 1975.

[Yasuhara, 1983] : M. Yasuhara

Identification and decomposition of fast handwriting process, IEEE Transanctions on Circ. and Syst., Vol. 30, N°11, pp. 828-832, 1983.

Oui, je veux morebooks!

i want morebooks!

Buy your books fast and straightforward online - at one of world's fastest growing online book stores! Environmentally sound due to Print-on-Demand technologies.

Buy your books online at
www.get-morebooks.com

Achetez vos livres en ligne, vite et bien, sur l'une des librairies en ligne les plus performantes au monde!
En protégeant nos ressources et notre environnement grâce à l'impression à la demande.

La librairie en ligne pour acheter plus vite
www.morebooks.fr

VDM Verlagsservicegesellschaft mbH
Heinrich-Böcking-Str. 6-8   Telefon: +49 681 3720 174   info@vdm-vsg.de
D - 66121 Saarbrücken   Telefax: +49 681 3720 1749   www.vdm-vsg.de

Printed by Books on Demand GmbH, Norderstedt / Germany